普通高等教育教材

化工基础实验与工艺仿真

庞秀言　主　编
闫明涛　张金超　副主编

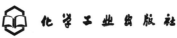

·北京·

内容简介

本书由化工单元操作实验（包括基础综合实验和研究设计实验）和工艺仿真实验组成，实验项目的设置与实施突出了以学生为中心的教学理念，设置了由基础实验、综合实验、研究设计实验、工艺虚拟仿真实验组成的多层次、递进式实验项目体系。

本书适合化学、材料化学、高分子材料与工程、环境科学、环境工程、生物技术、生物工程、药物工程等专业本科生使用，也可供研究生及科研工作者参考。

图书在版编目（CIP）数据

化工基础实验与工艺仿真 / 庞秀言主编；闫明涛，张金超副主编. -- 北京：化学工业出版社，2024.9.
ISBN 978-7-122-46642-6

Ⅰ. TQ016

中国国家版本馆 CIP 数据核字第 2024YL1372 号

责任编辑：提　岩　熊明燕　　　装帧设计：王晓宇
责任校对：宋　玮

出版发行：化学工业出版社
　　　　　（北京市东城区青年湖南街 13 号　邮政编码 100011）
印　　装：河北延风印务有限公司
787mm×1092mm　1/16　印张 12¾　字数 312 千字
2024 年 12 月北京第 1 版第 1 次印刷

购书咨询：010-64518888　　　　售后服务：010-64518899
网　　址：http://www.cip.com.cn
凡购买本书，如有缺损质量问题，本社销售中心负责调换。

定　　价：38.00 元　　　　　　　　　版权所有　违者必究

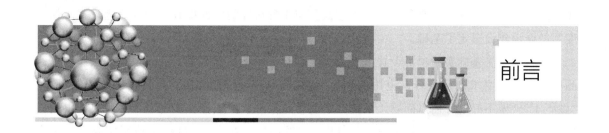

前言

遵循教育教学规律与人才成长规律,结合新一轮科技革命与产业变革,紧密围绕国家重大战略需求,对接产业升级与技术变革需求,编者团队根据《教育部关于深化本科教学改革 全面提高教学质量的若干意见》《高等学校本科教学质量与教学改革工程》《普通高等学校本科化学专业规范》《教育部关于一流本科课程建设的实施意见》等文件及教育部教学指导委员会的精神,落实立德树人根本任务,坚持知识传授、能力培养、素质提高、协调发展的教育理念,以培养学生创新能力为核心目标,经过多年的积累、完善,完成了本教材的编写工作。

"化工基础实验"是依托于"化学工程基础"理论课程的一门实验(实践)课程,旨在培养学生的工程观念以及处理一般工程问题和进行科学研究的初步能力。本教材以化工生产中动量传递、热量传递、质量传递、化学反应工程四大类化工单元操作为依托,在研究化工基础实验教学与认知规律的基础上,将实验内容整合为基础综合实验、研究设计实验与工艺仿真实验三部分,形成了多层次、递进式实验教学体系。学生在掌握基本单元操作技能的基础上,进行综合性、设计性实验训练,最后通过化工、医药工艺类虚拟仿真实验与化工实习对接,实现知识结构的构建和能力提升。

教材内容包括以液体流量测定与流量计校验、离心泵特性曲线的测定、固体流态化曲线的测定、管道流体阻力的测定、间壁传热过程总传热系数及膜系数的测定、连续填料精馏柱分离能力的测定、反应器的流动模型检验、填料塔吸收传质系数的测定、过滤常数的测定、超滤膜分离的测定、液-液转盘萃取分离能力的测定等为代表的基础综合实验,以连续填料精馏柱分离能力评比、流态化干燥速率曲线测定为代表的研究设计实验,以氯乙酸生产工艺、典型化工厂认识实习、鲁奇甲醇合成生产实习、聚丙烯聚合工段虚拟仿真、巨介电陶瓷材料的制备与功能表征虚拟仿真、新型冠状病毒核酸检测虚拟仿真、抗疟疾药物青蒿素提取与纯化虚拟仿真等为代表的工艺仿真实验。通过基础综合实验训练,使学生掌握典型化工单元操作的原理与计算,培养基本操作技能;通过研究设计实验训练,提高学生实验设计、数据归纳、结果分析的探究能力;通过工艺仿真实验训练,培养学生的工艺流程与工程认知能力,并将科技产业的新进展、新技术融入教材。

本教材的主要特点如下:

1.构建了体现学科特色、可以满足学生未来多样化发展需要,同时又遵循学生知识、能力、素质的形成规律和学科内在逻辑顺序的知识学习体系。由基础综合实验、研究设计实验、工艺仿真实验组成的多层次、递进式实验项目体系,既可以保证学生对基本化工单元操作及典型设备的掌握，又有利于学生工艺流程与工程认知能力的提升，为开展满足"两性一度"的金课建设奠定了基础。

2.传统化工基础实验项目设置上多为孤立的化工单元操作，学生缺乏将单元操作按照产品生产工艺的要求进行组合、应用的训练。工艺仿真实验既解决了实验教学中"做不上""做不了""做不好"等痛点问题，又弥补了受工厂生产秩序、操作安全以及实习成本限制而导致的学生不能进行工艺实习的不足。其中，"氯乙酸生产工艺3D虚拟仿真实验"为国家级虚拟仿真实验项目。

3.既能够满足线下、线上实验教学的需要，又将理论联系实际、科学精神、节能环保、安全生产等内容有机融入教材，可启发、培养学生的职业精神和规范工作意识。

本书可作为高等院校相关专业本科生化工基础实验的教材，也可供相关人员参考。使用时可结合专业特色及教学计划、学时数、实验室条件等加以取舍，也可根据实际需要增减内容或提高要求。

本书由河北大学化学与材料科学学院庞秀言主编，闫明涛、张金超副主编，田月兰、董江雪参编。李妍、王艳素等老师对基础综合实验部分提出了宝贵建议，工艺仿真实验部分得到了北京东方仿真软件技术有限公司、慕乐网络科技（大连）有限公司、北京欧倍尔软件技术开发有限公司的大力支持，在此一并致谢！全书由庞秀言、闫明涛、张金超统稿，闫宏远主审。

限于编者的学识水平，教材中不足之处在所难免，敬请广大读者批评指正，以便不断完善！

编者
2024年7月

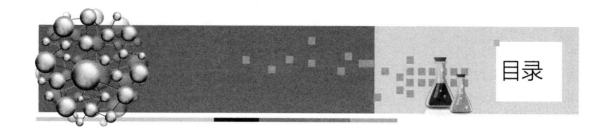

目录

第一部分 化工单元操作实验——基础综合实验

实验 1　液体流量测定与流量计校验　/ 002
实验 2　离心泵特性曲线的测定　/ 007
实验 3　固体流态化曲线的测定　/ 012
实验 4　管道流体阻力的测定　/ 017
实验 5　空气-水蒸气间壁传热过程总传热系数及膜系数的测定　/ 022
实验 6　连续填料精馏柱分离能力的测定　/ 032
实验 7　气-固相内循环反应器的无梯度检验　/ 037
实验 8　连续搅拌釜式反应器液体停留时间分布实验　/ 043
实验 9　填料塔吸收传质系数的测定　/ 048
实验 10　恒压过滤常数的测定　/ 054
实验 11　中空纤维超滤膜分离能力的测定　/ 059
实验 12　液-液转盘萃取分离能力的测定　/ 064

第二部分 化工单元操作实验——研究设计实验

实验 13　连续精馏填料性能的评比　/ 070
实验 14　流态化曲线与流化床干燥速率曲线测定　/ 073

第三部分 工艺仿真实验

实验 15　氯乙酸生产工艺 3D 虚拟仿真实验　/ 081
实验 16　典型化工厂 3D 虚拟现实认识实习　/ 099
实验 17　鲁奇甲醇合成 3D 虚拟仿真实验——生产实习　/ 110
实验 18　聚丙烯工艺仿真实验　/ 127
实验 19　巨介电陶瓷材料制备与表征虚拟仿真实验　/ 144
实验 20　新型冠状病毒核酸检测虚拟仿真实验　/ 155
实验 21　抗疟疾药物青蒿素提取与纯化虚拟仿真实验　/ 172

附录

附录1 常见设备代号 / 181
附录2 常见仪表控制符号 / 181
附录3 DCS界面操作实例 / 182
附录4 仿真软件操作评分细则 / 182
附录5 (实验空间)氯乙酸生产工艺3D虚拟仿真软件应用指导 / 183
附录6 (网络版)氯乙酸生产工艺3D虚拟仿真软件应用指导 / 188
附录7 氯乙酸虚拟仿真实验国家级一流本科课程教学设计 / 192

参考文献

第一部分

化工单元操作实验
——基础综合实验

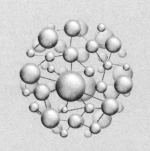

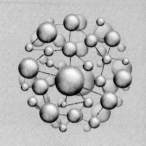

实验 1

液体流量测定与流量计校验

一、实验目的

1. 了解流量计的结构与工作原理。
2. 掌握用直接容量法对流量计进行标定的实验方法。
3. 测定流量计的流量系数与雷诺数之间的关系。

二、实验原理

流体流量测定对于流量的控制以及物料衡算都具有重要意义。流量指单位时间内流体流过管道截面上的体积或质量,有体积流量(q_V)与质量流量(q_m)两种。流量与流体测量时的状态有关,以体积表示流量时,应标明温度和压力(即压强。工程上压力与压强通用)。流量的测量方法主要有直接测量法和采用流量测量仪表的间接测量法。

实验装置中所用流量测量仪表主要有孔板流量计、文丘里流量计、转子流量计等。由于其测量原理不同,以及测量条件、测量流体种类及温度的变化,在测量流量之前,应以直接流量测量法对这些流量计进行流量标定,根据测定结果作出流量校正曲线,以供流体流量测量使用。

1. 孔板流量计

孔板流量计的结构原理如图1-1所示,由节流装置——孔板和压差计两部分组成。孔板需要安装在水平管路上,孔板两侧接测压管,测压管再分别与U形压差计或倒置U形压差计相连接。

孔板流量计利用流体通过锐孔的节流作用,使流体流速增大,压力减小,造成孔板前、后压力差,将对流速(流量)的测量转化为对压差的测量。

若管路直径为d_1,孔板锐孔直径为d_0,流体密度为ρ,设孔板前管路处和锐孔处的流速与压力分别为u_1、u_0与p_1、p_0。根据稳定流体的连续性方程有:

$$\frac{u_0}{u_1} = \left(\frac{d_1}{d_0}\right)^2 \tag{1-1}$$

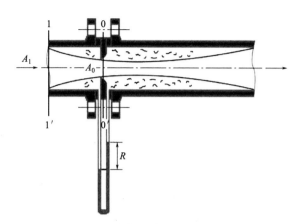

图 1-1 孔板流量计的结构原理

在管路截面 1-1′和孔板锐孔处截面 0-0′之间进行机械能衡算可得：

$$u_0 = \sqrt{\dfrac{(p_1-p_0)/\rho - \sum h_{f,\,1-0}}{\dfrac{1}{2}\left[1-\left(\dfrac{d_0}{d_1}\right)^4\right]}} \tag{1-2}$$

式中，$\sum h_{f,\,1-0}$ 为流体流径截面 1-1′与截面 0-0′之间的机械能损失，J/kg。

如果忽略压差计实际安装位置（设压差计右端实际连接管路截面为 2-2′截面）与机械能衡算所取截面不同，用 2-2′截面处 p_2 代替 p_0。忽略孔板的流通截面积 A_0，忽略 1 与 0 之间阻力损失，并将忽略因素全部归于校正系数 C_0 中，则式（1-2）可变为：

$$u_0 = C_0 \sqrt{\dfrac{2(p_1-p_2)}{\rho}} \tag{1-3}$$

根据 u_0 和 A_0 可计算孔板处流体的体积流量：

$$q_V = A_0 u_0 = C_0 A_0 \sqrt{\dfrac{2(p_1-p_2)}{\rho}} = C_0 A_0 \sqrt{\dfrac{2(\rho_R-\rho)gR}{\rho}} \tag{1-4}$$

式中，R 为 U 形压差计两侧液柱高度差，m；ρ_R 为压差计中指示液的密度，kg/m³；p_2 为压差计右端所连接截面处实际压力，Pa；C_0 称为孔板流量系数（简称孔流系数），它由孔板锐孔的形状、测压口位置、孔径与管径比 $\dfrac{d_0}{d_1}$ 或者孔截面积与管截面积比 $\dfrac{A_0}{A_1}$ 以及锐孔处的雷诺数 Re 所决定，具体数值由实验测定。当孔板的 $\dfrac{d_0}{d_1}$ 一定，并且 Re 超过某个数值后，C_0 接近于定值，一般介于 0.6~0.7。工业上定型的流量计，规定在 C_0 为定值的流动条件下使用。

2. 文丘里流量计

孔板流量计的优点是装置简单，缺点是阻力损失大。针对孔板流量计的高阻力损失问题，文丘里流量计的结构改为管径逐渐缩小，然后再逐渐扩大，以达到减少涡流损失的目的，其结构原理如图 1-2 所示。

同理，依照孔板流量计测量流量的原理及流量测量公式(1-4)，可得流经文丘里流量计的流体的体积流量为：

$$q_V = C_V A_0 \sqrt{\frac{2gR(\rho_R - \rho)}{\rho}} \tag{1-5}$$

式中，A_0 为管喉截面积；C_V 称为文丘里流量计的流量系数，其数值随雷诺数 Re 而改变，具体数值由实验测定。在湍流情况下，当喉管与径管比为 $\dfrac{d_0}{d_1} = \dfrac{1}{4} \sim \dfrac{1}{2}$ 时，C_V 约为 0.98。

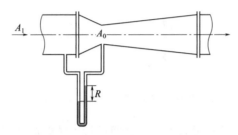

图 1-2 文丘里流量计的结构原理

3. 转子流量计

转子流量计的结构原理如图 1-3 所示。它由一根垂直的略呈锥形的玻璃管和转子组成。转子流量计需在垂直管路上安装，流体自下而上流过流量计。锥形玻璃管截面积由下至上逐渐增大，流体的流量由转子停留平衡位置的高度决定。

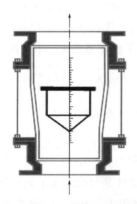

图 1-3 转子流量计的结构原理

转子流量计对流量测定的原理是：流体流过转子与锥形玻璃管环隙中的流速恒定，通过调整环隙的截面积（即转子停留位置的高度）来实现流量的稳定与测量。

当流体以一定的流量流过环隙，作用在转子下端面与上端面的压力差、流体对转子的浮力和转子的重力三者互相平衡时，转子就停留在一定高度上。流量变化时，转子移动到新的位置，以达到新的平衡。转子流量计的流量计算公式为：

$$q_V = C_R A_R \sqrt{\frac{2gV_f(\rho_f - \rho)}{A_f \rho}} \tag{1-6}$$

式中，A_R 为环隙的截面积，m^2；V_f 为转子体积，m^3；A_f 为转子最大截面积，m^2；ρ 为流体的密度，kg/m^3；ρ_f 为转子的密度，kg/m^3；C_R 为转子流量计的流量系数。C_R 的值与转子的形状及流体通过环隙的 Re 有关，介于 0～1.0 范围内，其具体数值由实验测定。

三、仪器与试剂

实验仪器如图1-4所示,主要部分由离心泵、注水阀、管路、流量调节阀、流量计等串联组合而成,实验导管的内径 $d=20.8$mm;孔板流量计的孔径 $d_0=14$mm;孔流系数 $C_0=0.67$。1000mL量筒1个;秒表1个;0~50℃温度计1支;测试介质为水。接水位置一般可根据实验装置的特点选择在管路的末端。

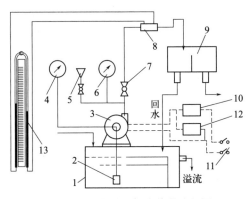

图1-4　流量测量实验装置流程图
(此装置图参照新华教仪离心泵实验仪器绘制)
1—循环水槽;2—底阀;3—离心泵;4—真空表;5—注水口;6—压力表;7—流量调节阀;
8—孔板流量计;9—分流槽;10—电流表;11—电源;12—电压表;13—U形压差计

四、实验步骤

1. 实验前的准备工作
循环水槽中灌满水,放置一支温度计,用以测量水的温度。

2. 实验操作
(1) 在实验导管调节阀关闭状态下启动离心泵。
(2) 待泵运转正常后,缓慢打开导管流量调节阀,使水的流量逐渐增大,通过排气,使水流满整个实验导管。
(3) 关闭流量调节阀,调整与孔板流量计相连的U形压差计的初始液位在0刻度左右,且保证压差计两端的液位差为零。
(4) 开启流量调节阀,使U形压差计两端的液位差达到最大值,并在此最大压差范围内分配实验点。
(5) 调节流量调节阀,使U形压差计两端的液位差为某一确定值,在此流量下以容量法测定相应流量,记录此时的水温、压差计读数、接水体积和接水时间。每个数据点至少平行测定三次。
(6) 改变流量,重复上述操作,在允许的流量范围内,测取7~8组数据。
(7) 实验完成后,先关闭流量调节阀门,再关闭离心泵。

3. 注意事项
(1) 离心泵应在管路流量调节阀关闭状态下启动。

（2）管道和压差计的连接管内，不能存在气泡，否则会影响测量的准确度。

（3）校验流量计时，要求由小流量到大流量，再由大流量到小流量，重复两次，取其平均值。

五、数据处理

1. 记录被检流量计的基本参数。

孔板流量计：锐孔孔径 $d_0=14$mm；管道内径 $d_1=20.8$mm。

2. 将实验测得的体积、时间、压差计示数等数据参考表1-1进行记录。

表1-1 数据记录表1

水温：

编号	流量计压差计示数 R/mmH$_2$O	温度 T/℃	时间 t/s	体积 V/mL

3. 根据实验时测定的水温，从手册中查出下列各项物理常数。

水的密度：　　　　　　　　　　黏度：

4. 根据设备基本参数、物性数据和实验测定值，参考表1-2进行数据整理。

表1-2 数据记录表2

流量计压差计示数 R/mmH$_2$O	平均体积流量 q_V/(m^3/h)	管内流速 u_1/(m/s)	孔处流速 u_0/(m/s)	锐孔处雷诺数 Re_0	流量系数 C_0

5. 根据实验结果，绘制体积流量校正曲线（q_V-R），绘制流量系数与锐孔处雷诺数的关系曲线（C_0-Re_0）。

六、思考题

1. 实验中所用压差计为倒置U形，体积流量的计算公式有何变化？
2. 为保证作图时数据点分布，实验中U形压差计液位差取值数据点如何分配？
3. 从实验结果绘制的 C_0-Re_0 关系曲线中，可以得出什么结论？
4. 简述分析孔板流量计的优缺点和适用范围。
5. "小构造，大智慧"。孔板流量计、文丘里流量计、转子流量计对流量的测量原理均依赖于流体的机械能衡算方程中存在着静压能、动能之间的相互转化与机械能守恒。想一想，在今后的学习中，应该如何树立理论与实践相统一以及尊重科学、崇尚科学的思想。

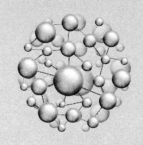

实验 2

离心泵特性曲线的测定

一、实验目的

1. 了解离心泵的结构、工作原理、安装高度、气缚现象及预防措施。
2. 了解工业生产中流量、功率、转速、压力、温度等参数的测量方法；了解涡轮流量计、功率表和转速表的工作原理与操作方法。
3. 掌握离心泵的性能参数、相互关系、特性曲线形式与绘制方法。
4. 掌握离心泵的选型依据与正确操作。

二、实验原理

离心泵是常用的一类液体输送设备。在离心泵的选型过程中，首先要了解输送流体的种类、流量以及单位质量的流体需要从离心泵获得的有效功，然后参考由厂家提供的离心泵的特性曲线确定离心泵的种类和型号。

离心泵的主要特性参数有流量、扬程、功率和效率，这些参数不仅表征了泵的性能，也是正确选择和使用泵的主要依据。离心泵的特性曲线是流体在泵内流动规律的宏观表现形式。由于泵内部流动情况复杂，不能用理论方法推导出泵的特性关系曲线，只能依靠实验测定。

1. 泵的流量

泵的流量即泵的送液能力，指单位时间内泵所排出的液体体积。泵的流量可按直接流量测定法，由一定时间 t 内排出液体的体积 V 或质量 m 来测定，即：

$$q_V = \frac{V}{t} (\text{m}^3/\text{s}) \tag{2-1}$$

或

$$q_V = \frac{m}{\rho t} (\text{m}^3/\text{s}) \tag{2-2}$$

若泵的输送系统中安装有经过标定的流量计，泵的流量也可由流量计测定。当系统中装有涡轮流量计时，流量值由涡轮流量计显示。也可参照转子流量计的流量式 (2-3) 计算：

$$q_V = C_R A_R \sqrt{\frac{2gV_f(\rho_f - \rho)}{A_f \rho}} \tag{2-3}$$

式中，A_R 为环隙的截面积，m^2；V_f 为转子体积，m^3；A_f 为转子最大截面积，m^2；ρ 为流体的密度，kg/m^3；ρ_f 为转子材料的密度，kg/m^3；C_R 为转子流量计的流量系数。C_R 的值与转子的形状及流体通过环隙的雷诺数 Re 有关，介于 $0 \sim 1.0$ 范围内，其具体数值由实验测定，方法可以参照实验1。

2. 泵的扬程

泵的扬程即泵的压头，表示单位质量流体从泵中获得的有效功。

以泵吸入管路中装有真空表处管路截面为1截面，以压出管路中装有压力表处管路截面为2截面，在此两截面之间列机械能衡算公式，则可得出泵扬程 H_e' 的计算公式：

$$H_e' = (Z_2 - Z_1) + \frac{u_2^2 - u_1^2}{2g} + \frac{p_2 - p_1}{\rho g} + \sum H_{f,1-2} \tag{2-4}$$

式中，p_1 为截面1上的压力，Pa；p_2 为截面2上的压力，Pa；$(Z_2 - Z_1)$ 为1、2两个截面之间的垂直距离，m；u_1 为1截面处的液体流速，m/s；u_2 为2截面处的液体流速，m/s；$\sum H_{f,1-2}$ 为1与2两个截面间的压头损失，m。

若忽略阻力 $\sum H_{f,1-2}$，吸入管路1截面直径与压出管路2截面直径相近，则 $u_1 = u_2$，应有：

$$H_e' = (Z_2 - Z_1) + \left(\frac{p_2 - p_1}{\rho g}\right) \tag{2-5}$$

3. 泵的功率

泵的功率有有效功率 P_e 与轴功率 P 之分。在单位时间内，液体从泵中实际所获得的功，即为泵的有效功率。若测得泵的流量为 q_V，扬程为 H_e'，被输送的液体密度为 ρ，则泵的有效功率 P_e 为：

$$P_e = q_V H_e' \rho g \text{ (J/s 或 W)} \tag{2-6}$$

泵所作的实际功不可能被输送液体全部获得，其中部分消耗于泵内的各种能量损失。单位时间内电动机输送给泵轴的功率称为泵的轴功率 P，P 可由式(2-7)计算：

$$P = P_电 \times k \text{ (J/s 或 W)} \tag{2-7}$$

其中，$P_电$ 为电功率表显示值；k 代表电机传动效率，可取 0.95。

4. 泵的效率

泵的效率为泵的有效功率 P_e 与泵的轴功率 P 之比，即：

$$\eta = \frac{P_e}{P} \tag{2-8}$$

5. 离心泵特性曲线

泵的各项特性参数并不是孤立的，为了全面准确地表征离心泵的性能，需要在一定转速下，将实验测得的各项参数即 H_e'、P、η 与 q_V 之间的变化关系绘成一组曲线，这组关系曲线称为离心泵特性曲线，如图2-1所示，由此可确定泵的最适宜操作状况。

通常，离心泵在恒定转速 n 下运转，离心泵特性曲线也随之而异。泵的 q_V、H_e'、P_e、n 之间大致存在如下关系：

$$\frac{q_\text{V}}{q'_\text{V}}=\frac{n}{n'} \qquad \frac{H'_\text{e}}{H''_\text{e}}=\left(\frac{n}{n'}\right)^2 \qquad \frac{P_\text{e}}{P'_\text{e}}=\left(\frac{n}{n'}\right)^3 \tag{2-9}$$

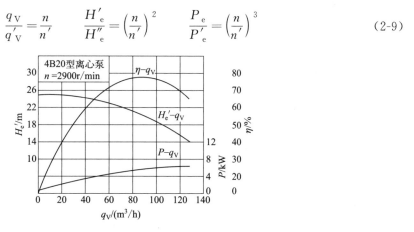

图 2-1　离心泵特性曲线

三、仪器与试剂

离心泵特性曲线实验装置如图 2-2 所示。装置流程示意如图 2-3 所示。主体设备为一台单级、单吸离心泵。泵将循环水槽中的水通过吸入导管吸入泵体。在吸入导管上端装有压力传感器，下端装有底阀（单向阀）。水由泵的出口进入压出导管，压出导管沿途装有压力传感器、温度传感器、电磁调节阀、涡轮流量计。测试介质为水。同时可以测定电机转速、电机的输入功率。

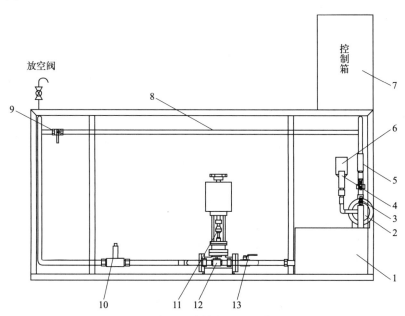

图 2-2　离心泵特性曲线实验装置图
（此装置图参照浙江中控科教仪器设备有限公司综合流体力学实验装置绘制）
1—水箱；2—离心泵；3—铂热电阻（测量水温）；4—泵进口压力传感器；5—泵出口压力传感器；
6—灌泵口；7—电器控制箱；8—离心泵实验管路（光滑管）；9—离心泵的管路阀；10—涡轮流量计；
11—流量电动调节阀；12—旁路闸阀；13—电动调节阀管路球阀

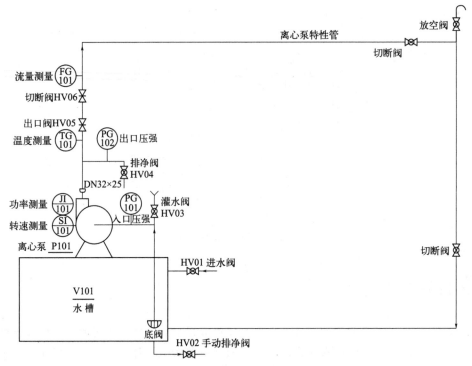

图 2-3 离心泵特性曲线实验装置流程示意
(此流程示意图参照浙江中控科教仪器设备有限公司综合流体力学实验装置绘制)

四、实验步骤

1. 实验前准备工作

打开水槽的进水阀向水槽内加水，至其容积的 3/4 左右，应保证实验运行中水槽内有足够水量。

2. 实验操作

(1) 灌泵排气　打开离心泵灌水阀与离心泵出口管路排净阀，向离心泵内灌水，直至水从排净阀流出，即水泵内的气体排净。关闭灌水阀、排净阀。

(2) 依次打开仪器总电源、仪表电源、调节阀电源，检查仪表显示是否正常。

(3) 启动泵　在管路中阀门处于关闭状态下，启动离心泵。然后逐一打开泵的出口阀门、管路阀门，保证管路畅通。

(4) 打开管路放空阀，进行管路排气，有水流出后关闭。

(5) 找量程分配数据点　在电动流量调节阀处于全开模式下，根据流量的最大变化范围（或者在阀门开度的 20%～100% 开度范围内），取 8～10 个数据点，进行下面测试。

(6) 根据分配数据点，在一定模式下逐一设置、控制流量或者阀门开度，稳定后（3～5min），参照表 2-1 记录数据。可分别按流量从大到小和从小到大的顺序重复以上测定。

(7) 关闭试验系统　首先关闭各阀门，再依次关闭离心泵电机电源、仪表电源、调节阀电源、仪器总电源。

3. 注意事项

(1) 一般每次实验前，均需对泵进行灌泵操作，以防止离心泵气缚。同时注意定期对泵进行保养,防止叶轮被固体颗粒损坏。

(2) 泵运转过程中,勿触碰泵主轴部分,因其高速转动,可能会缠绕并伤害身体接触部位。

(3) 不要在出口阀关闭状态下长时间使泵运转,一般不超过 3min,否则泵中液体循环温度升高,易产生气泡,使泵抽空。

五、数据处理

(1) 记录实验原始数据如表 2-1 所示。

离心泵型号:　　　　;额定流量:　　　　;额定扬程:　　　　;额定功率:　　　　;

泵进出口测压点高度差:　　　　m。

表 2-1　数据记录表 1

实验序号	水温/℃	q_V/(m³/h)	进口压力 p_1/kPa	出口压力 p_2/kPa	电机功率 $P_电$/kW	转速 n/(r/min)

(2) 根据公式,计算各流量下的泵扬程、轴功率和效率,如表 2-2 所示。

表 2-2　数据记录表 2

实验序号	q_V/(m³/h)	扬程 H'_e/m	有效功率 P_e/kW	轴功率 P/kW	泵效率 η/%

(3) 将实验结果绘成离心泵特性曲线。

六、思考题

1. 离心泵的各特性参数之间有什么关系?

2. 在利用 1、2 两个截面上测得的真空表与压力表的数据计算扬程 H'_e 时,应注意什么问题?

3. 依据所测特性曲线,分析在启动离心泵时,为什么要关闭出口阀门?

4. 启动离心泵之前为什么要灌泵排气?

5. 如何利用流体流动与输送理论指导实验过程,培养理论联系实际的能力与态度?

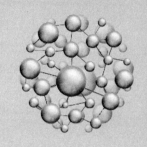

实验 3

固体流态化曲线的测定

一、实验目的

1. 观察固定床与流化床的特点。
2. 掌握流化曲线和临界流化速度的实验测定方法。
3. 计算临界流化速度,并与实验测定结果进行对比。

二、实验原理

流态化简称流化。它是利用流动流体将固体颗粒群悬浮起来,从而使固体颗粒具有某些流体的表观特征。利用流体与固体间的流化接触方式实现生产过程的操作,称为流态化技术。流态化技术在强化传质、传热、混合以及反应过程等方面起着重要作用。固体流态化过程按其特性分为密相流化和稀相流化。密相流化又分为散式流化和聚式流化(如图 3-1 所示)。气固系统的密相流化多属于聚式流化,而液固系统的密相流化多属于散式流化。

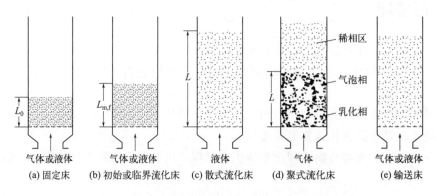

图 3-1 流体流经颗粒床层时颗粒呈现的不同状态

当流体流经固定床内固体颗粒之间的空隙时,随着流速的增大,流体与固体颗粒之间所产生的阻力也随之增加,床层的压力降不断升高。

固定床时，流体流动产生的压力降与流速之间的关系可以仿照流体流经空管时的压力公式（Moody 公式）列出。即：

$$\Delta p = \lambda_m \cdot \frac{H_m}{d_p} \cdot \frac{\rho u_0^2}{2} \tag{3-1}$$

式中，Δp 为固定床层两端的压力降，Pa；H_m 为固定床层的高度，m；d_p 为固体颗粒的直径，m；u_0 为流体的空管速度，m/s；ρ 为流体的密度，kg/m³；λ_m 为固定床的摩擦系数，无量纲准数。

固定床的摩擦系数 λ_m 可以直接由实验测定。厄贡（Ergun）提出如式（3-2）的经验公式：

$$\lambda_m = 2\left(\frac{1-\varepsilon_m}{\varepsilon_m^3}\right)\left(\frac{150}{Re_m} + 1.75\right) \tag{3-2}$$

式中，ε_m 为固定床的空隙率，可以按照式（3-3）计算；

$$\varepsilon_m = \frac{\rho_s - \rho_b}{\rho_s} \tag{3-3}$$

式中，ρ_s 为颗粒密度，kg/m³；ρ_b 为固体颗粒的堆积密度，kg/m³。

Re_m 为修正雷诺数，可由颗粒直径 d_p、固定床层空隙率 ε_m、流体密度 ρ、流体黏度 μ 和空管流速 u_0，按式（3-4）计算：

$$Re_m = \frac{d_p \rho u_0}{\mu} \cdot \frac{1}{1-\varepsilon_m} \tag{3-4}$$

由固定床向流化床转变时的流速称为临界流化速度 $u_{m,f}$，可由实验直接测定。在测得不同流速下的床层压力降之后，将实验数据标绘在双对数坐标上，再由作图法即可求得临界流化速度，如图 3-2 所示。

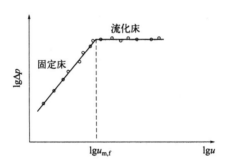

图 3-2 流体流经固定床与流化床时的压力降

临界流化速度 $u_{m,f}$ 还可根据半理论半经验公式计算得到。

流态化时，流体流动对固体颗粒产生的向上作用力等于颗粒在流体中的净重力，即：

$$\Delta p S = H_f S(1-\varepsilon_f)(\rho_s - \rho)g \tag{3-5}$$

式中，S 为颗粒的横截面积，m²；H_f 为流化床的床层高度，m；ε_f 为流化床的空隙率，可按式（3-6）计算。

$$\varepsilon_f = \frac{H_f - (1-\varepsilon_f)H_m}{H_f} \tag{3-6}$$

当床层处于由固定床向流化床转变的临界点时，固定床压力降的计算式（3-1）与流化

床的计算式 (3-5) 应同时适用。这时，$H_f = H_{m,f}$，$\varepsilon_f = \varepsilon_{m,f}$，$u_0 = u_{m,f}$，因此联立式 (3-1) 和式 (3-5) 即可得到临界流化速度的计算式：

$$u_{m,f} = \left[\frac{1}{\lambda_m} \cdot \frac{2d_p(1-\varepsilon_{m,f})(\rho_s - \rho)g}{\rho} \right]^{1/2} \quad (3-7)$$

流化床的特性参数还包括密相流化与稀相流化、临界点的带出速度 u_f、床层的膨胀比 R 和流化数 K 等。流化床的床层高度 H_f 与静床层的高度 H_0 之比，称为膨胀比 R，即：

$$R = H_f / H_0 \quad (3-8)$$

流化床实际采用的流化速度 u_f 与临界流化速度 $u_{m,f}$ 之比，称为流化数 K，即：

$$K = u_f / u_{m,f} \quad (3-9)$$

实验过程中，为防止固体颗粒损失，实验中流化速度应小于带出速度。

三、仪器与试剂

气-固系统的流程如图 3-3 所示。设备主体为圆柱形自由床，填充测试颗粒，如硅胶、分子筛等。分布器采用筛网，柱顶装有过滤网，以阻止固体颗粒被带出设备外。床层上有测压口与压差计相连接。空气自鼓风机经调节阀和流量计，由设备底部进入设备，经分布器分布均匀，由下而上通过颗粒层，离开床层后，再经旋风分离器除尘净化后排空。空气流量由调节阀和放空阀联合调节，并由流量计显示。床层压力降由压差计测定。

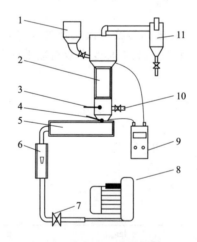

图 3-3 流化床实验装置流程
(此装置图参照浙江中控科教仪器设备有限公司的流态化干燥实验装置绘制)
1—加料斗；2—床层（可视部分）；3—床层测温点；4—出加热器热风测温点；5—空气加热器；
6—转子流量计；7—流量调节阀（出口阀）；8—鼓风机；9—压力口；10—放空阀；11—旋风分离器

四、实验步骤

1. 实验操作

(1) 打开仪器总电源。
(2) 在空气流量调节阀关闭、空气放空阀打开的状态下启动风机。
(3) 关闭放空阀，缓慢开启空气流量调节阀，调节空气流量，观察床层的变化过程。

(4) 分别调节空气流量由小到大，再由大到小，测定不同空气流速下，床层温度、床层压力降和床层的高度。

(5) 结束实验后，依次开放空阀，关闭空气流量调节阀，关闭风机开关，最后关闭仪器总电源。

2. 注意事项

(1) 启动风机前必须完全打开放空阀。

(2) 风机的启动和关闭必须严格遵守操作步骤。

(3) 当流量调节值接近临界点时，阀门调节更须精心细微，注意床层的变化。

五、数据处理

1. 记录实验设备和操作的基本参数。

(1) 设备参数。

气-固系统；柱体内径100mm；静床层高度：$H_0=$ ____ mm；分布器形式：

(2) 固体颗粒基本参数。

颗粒形状：____ ；平均粒径：$d_p=$ ____ mm；

颗粒密度：$\rho_s=$ ____ kg/m³；堆积密度：$\rho_b=$ ____ kg/m³

(3) 流体物性数据。

流体种类：空气；温度$T=$ ____ ℃；密度$\rho=$ ____ kg/m³；黏度$\mu=$ ____ Pa·s

2. 将测得的实验数据和观察到的现象，参考表3-1做详细记录。

表3-1 数据记录表

编号	
空气流量 q_V/(m³/s)	
空气空塔速度 u_0/(m/s)	
床层压力降 Δp/Pa	
床层高度 H/mm	
膨胀比 R	
流化数 K	
实验现象	

3. 在双对数坐标纸上标绘Δp-u_0关系曲线，并求出临界流化速度$u_{m,f}$。将实验测定值与计算值进行比较，算出相对误差。

4. 在双对数坐标纸上标绘固定床阶段的λ_m-Re_m的关系曲线，将实验测定曲线与由计算值标绘的曲线进行对照比较。

六、思考题

1. 如何判断流化床的操作是否正常？

2. 临界流化速度与哪些因素有关?

3. 科学就在身边。本实验中,为了净化离开床层的含尘空气,安装了旋风分离器。对于气-固相非均相物系,还有哪些分离方法?生活中人们佩戴的PM2.5口罩、N95口罩是什么工作原理?

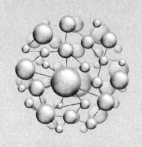

实验 4

管道流体阻力的测定

一、实验目的

1. 掌握测定一定流量下流体的阻力损失（压降）的实验方法。
2. 计算直管阻力的摩擦系数 λ 和管件及阀门的局部阻力系数 ζ。
3. 通过对一系列流量下不同管路与管件的阻力损失的测定，绘制摩擦系数 λ、局部阻力系数 ζ 与雷诺数 Re 关系曲线图。
4. 了解化工生产中关于流量、压降、温度等参数的测量方法。

二、实验原理

实际流体在设备或管路中流动时需克服沿程阻力（直管阻力）和局部阻力，于是产生相应的直管阻力损失和局部阻力损失。正确计算或测量流体阻力损失是管路设计及流体输送设备选型的重要依据。

当不可压缩流体在圆形导管中流动时（不包含输送设备），在管路系统中任意两个截面之间列出机械能衡算方程为：

$$gZ_1 + \frac{p_1}{\rho} + \frac{u_1^2}{2} = gZ_2 + \frac{p_2}{\rho} + \frac{u_2^2}{2} + \sum h_{f1-2} \qquad (4-1)$$

或

$$Z_1 + \frac{p_1}{\rho g} + \frac{u_1^2}{2g} = Z_2 + \frac{p_2}{\rho g} + \frac{u_2^2}{2g} + \sum H_{f1-2} \qquad (4-2)$$

式中，Z 为流体的位压头，m 液柱；p 为流体的压力，Pa；u 为流体的平均流速，m/s；ρ 为流体的密度，kg/m³；$\sum h_{f1-2}$ 为流动系统内因克服阻力造成的能量损失，J/kg；$\sum H_{f1-2}$ 为流动系统内因克服阻力造成的压头损失，m 液柱。下标 1 和 2 分别表示上游和下游截面的编号。

若：①水作为实验物系，则水可视为不可压缩流体；②实验导管为水平装置，则 $Z_1 = Z_2$；③实验导管的上、下游截面上的横截面积相同，则 $u_1 = u_2$。

因此，式(4-1) 和式(4-2) 分别可简化为：

$$\sum h_{\text{f}1-2} = \frac{p_1 - p_2}{\rho} \tag{4-3}$$

$$\sum H_{\text{f}1-2} = \frac{p_1 - p_2}{\rho g} \tag{4-4}$$

因此，因阻力造成的能量损失（压头损失），可由管路系统的两截面之间的压降（压头差）来测定，可由压差变送器来指示压降。

流体在水平、匀径圆形直管内流动时，若采用压差变送器测量压降，流体因摩擦阻力所造成的能量损失（压头损失）可按照式（4-5）或式（4-6）计算：

$$\sum h_{\text{f}1-2} = \frac{p_1 - p_2}{\rho} = \lambda \cdot \frac{l}{d} \cdot \frac{u^2}{2} \tag{4-5}$$

或

$$\sum H_{\text{f}1-2} = \frac{p_1 - p_2}{\rho \cdot g} = \lambda \cdot \frac{l}{d} \cdot \frac{u^2}{2g} \tag{4-6}$$

式中，d 为圆形直管的直径，m；l 为圆形直管的长度，m；λ 为摩擦系数，无量纲。

摩擦系数 λ 与流体的密度 ρ 和黏度 μ、管径 d、流速 u、管壁粗糙度 ε 有关。应用量纲分析的方法，可以得出摩擦系数 λ 与雷诺数 Re 和管壁相对粗糙度 ε/d 存在函数关系，即：

$$\lambda = f(Re、\frac{\varepsilon}{d}) \tag{4-7}$$

通过实验测得的 λ 和 Re 数据可以在双对数坐标上标绘出实验曲线。当 $Re \leqslant 2000$ 时，λ 与 ε 无关；当流体在直管中呈湍流时，λ 不仅与 Re 有关，而且与 ε/d 有关。

当流体流过管路系统时，因遇各种管件、阀门和测量仪表等而产生局部阻力，所造成的能量损失（压头损失）满足式（4-8）或式（4-9）：

$$h'_{\text{f}} = \zeta \frac{u^2}{2} \tag{4-8}$$

$$H'_{\text{f}} = \zeta \frac{u^2}{2g} \tag{4-9}$$

式中，u 为连接管件等的直管中流体的平均流速，m/s；ζ 为局部阻力系数，无量纲。

由于造成局部阻力的原因复杂，各种局部阻力系数的具体数值需要通过实验直接测定。可采用阻力系数 ζ 法表示管件、阀门的局部阻力损失。如果所测的压降为总阻力损失，计算 ζ 时所用局部阻力损失应扣除两测压口间直管段的压降，直管段的压降由直管阻力实验结果求取。

根据管路直径 d 与长度 l，实验时测定的流体温度 T（查流体物性 ρ、μ），差压变送器示数，流量计指示流量 q_V，即可求取直管段的摩擦系数 λ、管件或阀门的局部阻力系数 ξ。

三、仪器与试剂

实验由离心泵、实验管路系统和水槽串联组合而成的实验装置流程示意如图 4-1 所示。管路系统配置光滑管、粗糙管、含闸阀局部阻力管。各种管路内径为 20mm，每根实验管测试段长度（两测压口之间距离）均为 0.1m。水的流量使用涡轮流量计测量，管路和管件的阻力采用差压变送器测量。测试介质为水。

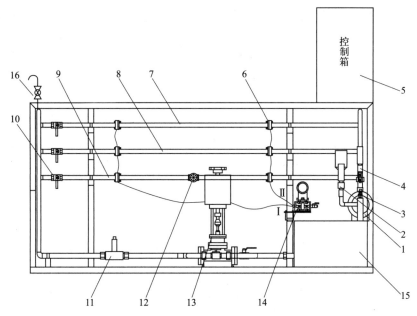

图 4-1 管路流体阻力实验装置示意图
(此装置图参照浙江中控科教仪器设备有限公司综合流体力学实验装置绘制)
1—离心泵；2—进口压力变送器；3—铂热电阻（测量水温）；4—出口压力变送器；
5—电气仪表控制箱；6—均压环；7—粗糙管；8—光滑管；9—局部阻力管；10—管路选择球阀；
11—涡轮流量计；12—局部阻力管上的闸阀；13—流量电动调节阀；14—差压变送器；15—水箱；16—放空阀

四、实验步骤

1. 实验前准备工作

（1）充水　打开水槽的进水阀，向水槽内加水至其容积的 3/4 左右（液位高度 220mm 左右）。

（2）泵内排气（防止气缚）　打开离心泵灌水阀和离心泵出口管路排净阀，向离心泵内灌水，直到水从排净阀流出，代表离心泵充满水（即水泵内的气体排净）。关闭灌水阀、排净阀。

2. 实验操作

（1）泵启动　打开总电源和仪表开关，在泵出口阀门关闭状态下启动泵。

（2）实验管路与测压管线排气　打开泵出口阀门、流量调节阀、各管路进口阀，在电动流量调节阀处于较大开度模式下，首先通过打开管路排气阀（放空阀），排净测试实验管路中的气体。

分别打开粗糙管、光滑管、闸阀局部阻力管上差压变送器连接管上的进口压力阀、出口压力阀，使水充分流动几分钟，保证排净连接管中的气体。然后关闭全部进口压力阀、出口压力阀，关闭管路排气阀，仅保留一组管路进口阀保持开启状态（防止出口阀在关闭状态下长时间使泵运转）。

（3）分配数据点　在电动流量调节阀处于全开模式下，记录泵的最大送液能力。根据流量（或者阀门开度）的最大变化范围，取 7～8 个数据点，进行下面测试。

（4）压降测定　参照分配数据点，在手动模式下设定阀门开度并控制一定流量。打开选择的实验管路入口阀，打开管路与差压变送器连接管上的进口压力阀、出口压力阀，保证测压口与差压变送器接通。稳定后（5～10min），记录流量、压差计读数、水温。

(5) 改变实验管路，重复 (4) 中操作。在最大流量范围内取 7～8 个流量数据点。

(6) 关闭试验系统　首先关闭各阀门，再关闭离心泵、仪表电源、设备总开关。

3. 注意事项

(1) 实验前，务必将系统内存留的气泡排除干净，否则不能保证实验效果准确。

(2) 可按流量由大到小和由小到大的顺序分别测定一次，每个流量下的数据取平均值。

(3) 在实验导管入口的调节阀关闭的状态下启动或者关闭离心泵。

五、数据处理

1. 实验基本参数：实验导管的内径 $d=20$mm；实验导管的测试段长度 $l=0.1$m。
2. 参考表 4-1 进行实验数据记录。

表 4-1　数据记录表 1

序号	水温/℃	流量/(m³/h)	光滑管压差/kPa	粗糙管压差/kPa	局部阻力压差/kPa

3. 参考表 4-2 进行数据整理。

表 4-2　数据记录表 2

编号	1	2	3	…
流速 u/(m/s)				
雷诺数 Re				
光滑管摩擦系数 λ_1				
粗糙管摩擦系数 λ_2				
闸阀局部阻力系数 ζ				

4. 在双对数坐标体系下，绘制光滑管、粗糙管的 λ-Re 曲线，以及阀门的 ζ-Re 实验曲线。求出阀门局部阻力系数的平均值。对照 Moody 曲线图，估算粗糙管的相对粗糙度、绝对粗糙度。

六、思考题

1. 如何检测管路中的空气已经被排除干净？
2. 实验中如何得到阀门的局部阻力损失？
3. 为什么根据实验数据所绘出的 λ-Re 曲线不是一条光滑的曲线？

4.传说在中国古代,黄河流域水灾成患,在禹之前多采用"水来土挡"的策略治水,结果屡屡治水失败;而禹采取了"疏通河道,拓宽峡口"的引流方法,结果治水成功。同时,禹提倡"治水须顺水性,水性就下,导之入海"、"高处凿通,低处疏导"的治水思想,试分析其中隐含着什么科学道理?(提示:流体的连续性方程、机械能守恒定律。)现实生活中如何不断提升理论联系实际的能力与崇尚科学的精神?

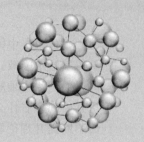

实验 5

空气-水蒸气间壁传热过程总传热系数及膜系数的测定

一、实验目的

1. 熟悉实验装置中的鼓风机、蒸汽发生器、套管换热器、缠绕套管换热器、板式换热器的结构与工作原理；熟悉实验装置流程。

2. 对于相同传热面积的套管换热器［普通（加强）］、缠绕套管换热器、板式换热器内的饱和水蒸气、空气的间壁传热过程，分别通过实验法与理论计算法得到传热过程的传热（给热）膜系数 α 的测定值 $\alpha_{测}$ 与理论计算值 $\alpha_{理}$，以及总传热系数 K 的测定值 $K_{测}$ 与理论计算值 $K_{理}$。

3. 在双对数坐标纸上，建立套管换热器的 $\alpha_{测}$、$\alpha_{理}$ 与管路中流体的雷诺数 Re 关系。

4. 比较不同类型间壁式换热器的总传热系数以及流体与管壁的传热膜系数的大小。

5. 加深对传热过程基本原理的理解与运用；掌握流体流量、温度的测量方法。

二、实验原理

传热是一种重要的化工单元操作，其中应用较为广泛的是冷、热两种流体之间的间壁传热。传热设计的主要内容包括两个方面：一种是针对一定换热任务，计算应需的传热面积；另一种是针对一定传热面积的换热器，测定、计算在某些操作条件下的传热膜系数 α、总传热系数 K，并将实验测定结果与关联式的理论计算结果进行对比。

以饱和水蒸气与空气的间壁换热为例，假设饱和水蒸气冷凝为同温度下的冷凝水。汽-气间壁换热过程可以分为给热—导热—给热三个串联过程组成。若空气在管内逆流流动，而水蒸气在管外环隙中流动，设备两端测试点的温度如图 5-1 所示：

若忽略热损失，水蒸气向空气传递的热量可由空气的热量衡算方程表示：

$$\phi = q_{m,c} c_{p,c} (T'_2 - T'_1) \tag{5-1}$$

对于整个换热器而言，总的传热速率方程为：

$$\phi = KA\Delta T_m \tag{5-2}$$

式中，ϕ 为传热速率，J/s 或 W；$q_{m,c}$ 为冷流体空气的质量流量，kg/s；$c_{p,c}$ 为空气的

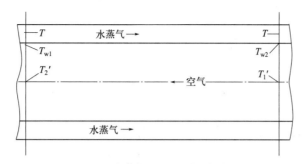

图 5-1 间壁换热器两端测试点的温度

T—水蒸气在套管环隙中的温度;T_1',T_2'—空气进换热器、出换热器的温度;
T_{w1},T_{w2}—水蒸气进口侧、出口侧的管壁面温度。若忽略管壁热阻,内管的内壁面与外壁面温度可认为相同。

平均比热容,J/(kg·K);K 为总传热系数,W/(m²·K);A 为传热面积,m²;ΔT_m 为水蒸气与空气之间的平均温度差,K。

设 ΔT_1 和 ΔT_2 分别为图 5-1 中水蒸气入口侧、出口侧两个截面上的水蒸气与空气之间的温度差,则:

$$\Delta T_1 = T - T_2' \tag{5-3}$$

$$\Delta T_2 = T - T_1' \tag{5-4}$$

ΔT_m 的计算式为:

$$\text{若}\ \frac{\Delta T_2}{\Delta T_1} > 2 \qquad \Delta T_m = \frac{\Delta T_2 - \Delta T_1}{\text{Ln}\ \frac{\Delta T_2}{\Delta T_1}} \tag{5-5}$$

$$\text{若}\ \frac{\Delta T_1}{\Delta T_2} \leqslant 2 \qquad \Delta T_m = \frac{\Delta T_1 + \Delta T_2}{2} \tag{5-6}$$

由式(5-1)与式(5-2)两式联立求解,可得 K 的计算公式。

$$K = \frac{q_{m,c} c_{p,c} (T_2' - T_1')}{A \Delta T_m} \tag{5-7}$$

水蒸气与内管外壁面的总给热速率方程为:

$$\phi = \alpha_o A_{wo} \Delta T_{m,1}' \tag{5-8}$$

式中,α_o 为管外环隙中水蒸气与内管的外壁面之间的传热膜系数,W/(m²·K);A_{wo} 为内管的外壁面面积,m²;$\Delta T_{m,1}'$ 为水蒸气与内管外壁面之间的平均给热温差,K。

$\Delta T_{m,1}'$ 的计算方式如下:

$$\text{当}\ \frac{T - T_{w2}}{T - T_{w1}} \leqslant 2\ \text{时} \qquad \Delta T_{m,1}' = \frac{(T - T_{w1}) + (T - T_{w2})}{2} \tag{5-9}$$

$$\text{当}\ \frac{T - T_{w2}}{T - T_{w1}} > 2\ \text{时} \qquad \Delta T_{m,1}' = \frac{(T - T_{w2}) - (T - T_{w1})}{\text{Ln}\ \frac{T - T_{w2}}{T - T_{w1}}} \tag{5-10}$$

空气与内管的内壁面的总给热速率方程为:

$$\phi = \alpha_i A_{wi} \Delta' T_{m,2}' \tag{5-11}$$

式中,α_i 为管内空气与内管的内壁面之间的传热膜系数,W/(m²·K);A_{wi} 为内管的内壁面面积,m²;$\Delta T_{m,2}'$ 为空气与内管内壁面之间的平均给热温差,K。

$\Delta T'_{m,2}$ 的计算方式如下：

当 $\dfrac{T_{w2}-T'_1}{T_{w2}-T'_1} \leqslant 2$ 时　　$\Delta T'_{m,2} = \dfrac{(T_{w2}-T'_1)+(T_{w1}-T'_2)}{2}$ （5-12）

当 $\dfrac{T_{w2}-T'_1}{T_{w1}-T'_2} > 2$ 时　　$\Delta T'_{m,2} = \dfrac{(T_{w2}-T'_1)-(T_{w1}-T'_2)}{\mathrm{Ln}\dfrac{T_{w2}-T'_1}{T_{w1}-T'_2}}$ （5-13）

联立式（5-1）与式（5-8），可得水蒸气与内管的外壁面之间的传热膜系数 $\alpha_{测}$ 的计算式：

$$\alpha_o = \dfrac{q_{m,c} c_{p,c}(T'_2-T'_1)}{A_{wo}\Delta T'_{m,1}} \quad (5\text{-}14)$$

同理，联立式（5-1）与式（5-11），可得空气与内管内壁面的给热过程的传热膜系数计算式（5-15）：

$$\alpha_i = \dfrac{q_{m,c} c_{p,c}(T'_2-T'_1)}{A_{wi}\Delta T'_{m,2}} \quad (5\text{-}15)$$

当流体在圆形直管内做强制对流时，流体与管壁之间的传热膜系数 α 与各项影响因素之间的关系如式（5-16）。根据式（5-16）可以计算传热膜系数的计算值 $\alpha_{理}$。

$$\alpha = 0.023 \dfrac{\lambda}{d}\left(\dfrac{du\rho}{\mu}\right)^{0.8}\left(\dfrac{c_p \mu}{\lambda}\right)^n \quad (5\text{-}16)$$

式中，d 为圆形管路的直径，m；λ 为管壁的导热系数，w/(m·K)；$Re=\dfrac{\rho du}{\mu}$；u 为流体的流速，m/s；ρ 为流体的密度，kg/m³；μ 为流体的黏度，kg/(m·s)；$Pr=\dfrac{c_p \mu}{\lambda}$；$c_p$ 为流体的比定压热容，J/(kg·K)。

式（5-16）的适用条件如下：流体在圆形直管内做充分湍流流动（$Re>10000$），并且 $Pr=0.7\sim 160$，$l/d>50$。

若流体被冷却，$n=0.3$，则式（5-16）为：

$$\alpha = 0.023 \dfrac{\lambda}{d}\left(\dfrac{du\rho}{\mu}\right)^{0.8}\left(\dfrac{c_p \mu}{\lambda}\right)^{0.3} \quad (5\text{-}17)$$

若流体被加热，$n=0.4$，$\alpha_{理}$ 按式（5-18）计算。

$$\alpha = 0.023 \dfrac{\lambda}{d}\left(\dfrac{du\rho}{\mu}\right)^{0.8}\left(\dfrac{c_p \mu}{\lambda}\right)^{0.4} \quad (5\text{-}18)$$

对于非圆形管路，上列各式中 d 用其当量直径 de 代替。式中各物性参数均取对应流体的进口与出口平均温度下的数值。

三、仪器与试剂

1. 实验装置与试剂

以西仪服科技有限公司综合传热装置为例，综合传热装置由套管换热器［普通（加强）］、缠绕套管换热器、板式换热器组成（图5-2），传热面积均为 0.083m²。由蒸汽发生器产生的水蒸气与鼓风机送出的空气在换热器内逆流流动，并进行间壁式换热。

2. 装置流程

综合传热装置内水蒸气与空气的流程如图5-3所示。冷空气由鼓风机（漩涡风机）送出，经文丘里流量计测量流量后进入换热器与蒸汽进行换热，最后自另一端排出放空。在空气进、出口分别装有 1 支热电阻，可分别测出空气进出口温度［与式（5-1）中 T_1'、T_2' 对应］；空气管路前端分别设置一个测压点 PI/02 和一个测温点 TI/12，用于对空气密度的校正。

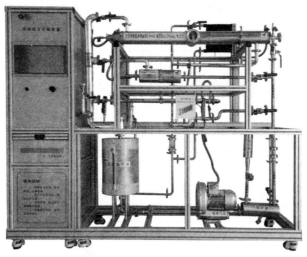

图 5-2　综合传热装置
（本图为西仪服科技有限公司综合传热装置）

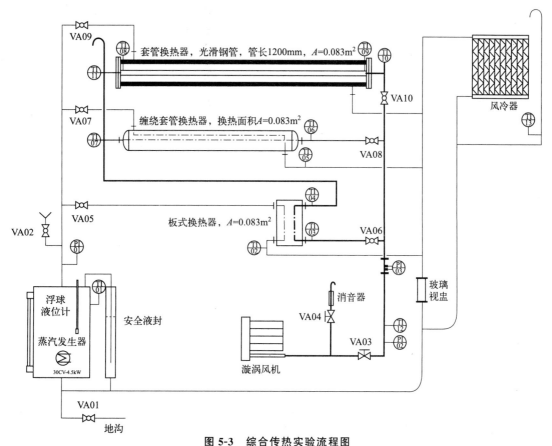

图 5-3　综合传热实验流程图
（本图参照西仪服科技有限公司综合传热装置绘制）
注：粗线条为空气，管子规格为 $\phi 25$；细线条为水蒸气，管子规格为 $\phi 19$、$\phi 38$。

水蒸气进入换热器后，冷凝释放潜热（蒸汽出口装有 1 支热电阻，测量水蒸气的温度 T，实验过程中确保为饱和水蒸气）。未冷凝的水蒸气经过风冷器冷却，冷凝液回流到蒸汽发生器内再利用。为防止蒸汽内有不凝气体，实验装置设置有不凝气放空口。装置中调节、控制阀门名称见表 5-1，温度测试点见表 5-2，压力测试点见表 5-3。

表 5-1　装置中阀门名称

阀门型号	名称	阀门型号	名称
VA01	蒸汽发生器放净阀	VA02	蒸汽发生器加水阀
VA03	气泵进气调节阀	VA04	放空阀
VA05	板式蒸汽进气阀	VA06	板式空气进气阀
VA07	缠绕式蒸汽进气阀	VA08	缠绕式空气进气阀
VA09	套管蒸汽进气阀	VA10	套管空气进气阀

表 5-2　温度测试点

编号	测量温度名称	编号	测量温度名称
TI/01	蒸汽温度	TI/02	板式换热器蒸汽出口温度
TI/03	板式换热器空气进口温度	TI/04	板式换热器空气出口温度
TI/05	缠绕套管换热器蒸汽出口温度	TI/06	缠绕套管换热器空气进口温度
TI/07	缠绕套管换热器空气出口温度	TI/08	套管换热器进口截面壁面温度
TI/09	套管换热器出口截面壁面温度	TI/10	套管换热器空气进口温度
TI/11	套管换热器空气出口温度	TI/12	风机出口温度
TI/13	排空温度		

表 5-3　压力测试点

编号	测量压力名称
PI/01	蒸汽发生器压力
PI/02	风机出口压力
PI/03	文丘里流量计压差

3. 设备仪表参数

(1) 套管换热器　紫铜管，$\phi 22\text{mm} \times 2\text{mm}$，有效加热长度 1.2m，管外换热面积 A_{wo} 为 0.083m^2。

(2) 板式换热器　不锈钢，换热面积 A 为 0.083m^2。

(3) 缠绕套管换热器　不锈钢，换热面积 A 为 0.083m^2。

(4) SK 型静态混合器　长约 40mm，直径 17mm。

(5) 漩涡风机　2RB 410-7AH26，380V，1.3kW。

(6) 文丘里流量计　孔径 $d_V = 10.45\text{mm}$，$C_V = 0.995$。

(7) 热电阻温度传感器　Pt100。

(8) 差压传感器　PI03（0~10kPa）。

(9) 压力传感器　PI/01（0~10kPa）；PI02（0~50kPa）。

四、实验步骤

1. 实验前准备工作

（1）熟悉实验装置流程以及各测量仪表的作用。

（2）检查、调节水位　打开加水阀（VA02），通过加水口补充蒸馏水，使蒸汽发生器液位处于标记范围内。完成后关闭 VA02。

（3）检查电源　保证装置外供电正常、装置控制柜内空气开关闭合。

（4）检查阀门状态　确认各阀门处于关闭状态。蒸汽出口不凝气放空、空气放空均处于畅通状态。

（5）打开装置控制柜上面"总开关"旋钮，检查触摸屏上温度、压力等测点是否显示正常。

（6）在空气放空阀（VA04）完全打开状态下，点击触摸屏上的风机"启动"按钮，启动风机；在自动模式下，设置一个空气流量；打开任意一组空气进入换热器的阀门（例如套管换热器），再关闭空气放空阀（VA04）（为了防止风机憋压，也可使放空阀门保持一定开度）。

（7）打开蒸汽进套管换热器的进口阀（与已经通入空气的换热系统对应）；点击触摸屏上的"启动"按钮，启动蒸汽发生器的加热系统；设定蒸汽压力（建议设定为 0.25kPa，以保持水蒸气流量恒定），开始加热。

（8）当蒸汽发生器压力接近设定值，或者温度接近 100℃ 时，进行不同空气流量下各种换热器的传热实验。

2. 传热实验

（1）套管（普通型）换热器

① 主界面选择套管（普通型）换热器。

② 在自动模式下，输入要调节的空气流量。当传热稳定后（各测试点温度数值 20s 内不变），点击"数据采集"按钮，参照表 5-4 记录数据。

③ 改变空气流量，可分别控制在 $5m^3/h$、$10m^3/h$、$15m^3/h$、$20m^3/h$ 等系列流量下。传热达到平衡后（各测试点温度数值 20s 内不变），记录相关数据。

④ 实验完毕，先打开另一个换热器的空气进口阀门、水蒸气的进口阀门，再关闭套管换热器的蒸汽进气阀门、空气进口阀门。

（2）套管（加强型）换热器

① 安装静态混合器（绕流管）。当套管换热器空气出口温度（TI/11）低于 50℃ 时，松开套管换热器空气进口管路右侧的卡箍，取下盲板，将一侧焊有盲板的静态混合器插入紫铜管中（注意密封垫），拧紧卡箍。

② 分别打开空气、水蒸气进套管（加强型）换热器阀门，同时关闭其它换热器的空气进口阀门、水蒸气的进口阀门。在套管（加强型）换热器界面下，设定空气流量。传热稳定后，点击"数据采集"按钮，参照表 5-4 记录数据。

③ 改变空气流量，可分别控制在：$5m^3/h$、$10m^3/h$、$15m^3/h$、$20m^3/h$ 等系列流量下。传热达到平衡后（各测试点温度数值 20s 内不变），记录相关数据。

④ 实验完毕，先打开另一个换热器的空气进口阀门、水蒸气的进口阀门，再关闭套管

（加强型）换热器的蒸汽进气阀门、空气进口阀门。

（3）缠绕套管换热器

① 分别打开缠绕套管换热器的空气、水蒸气进换热器阀门，同时关闭其它换热器的空气进口阀门、水蒸气的进口阀门。

② 在缠绕套管换热界面下，设定空气流量。传热稳定后，点击"数据采集"按钮，参照表5-5记录数据。

③ 改变空气流量可分别控制在：$5m^3/h$、$10m^3/h$、$15m^3/h$、$20m^3/h$等系列流量下。传热达到平衡后，记录相应数据。

④ 实验完毕，先打开另一个换热器的空气进口阀门、水蒸气的进口阀门，再关闭缠绕套管换热器的蒸汽进气阀门、空气进口阀门。

（4）板式换热器

① 分别打开板式换热器的空气、水蒸气进换热器阀门，同时关闭其它换热器的空气进口阀门、水蒸气的进口阀门。

② 在板式换热器界面下，设定空气流量。传热稳定后，点击"数据采集"按钮，参照表5-6记录数据。

③ 改变空气流量可分别控制在：$5m^3/h$、$10m^3/h$、$15m^3/h$、$20m^3/h$等系列流量下。传热达到平衡后，记录相应数据。

④ 进行停车操作。

3. 停车复原

（1）点击控制面板上的"停止加热"，蒸汽发生器停止产生蒸汽，至少保持一组水蒸气进口阀处于打开状态。

（2）打开所有换热器的空气进口阀，将空气流量设定为较高值，对装置进行降温。待空气出口温度低于60℃时，关闭所有阀门，关闭漩涡风机，最后关闭空气放空阀（VA04）。

（3）插入U盘，导出数据；关闭总电源。

4. 注意事项

（1）在启动风机前，应检查三相动力电是否正常，缺相容易烧坏电机；同时为保证安全，实验前检查接地是否正常。

（2）每组实验前应检查蒸汽发生器内的水位是否合适，若水位过低或无水，电加热会烧坏。

（3）为保证换热器安全，每种换热器均应先通入冷空气，再通入热蒸汽。

（4）设备长期不用时，应将设备内水放净。

五、数据处理

以套管换热器数据处理为例。

1. 管内 α_i 计算

（1）管内空气质量流量 $q_{m,c}$(kg/h)

文丘里流量计的标定条件：$p_0 = 101325$(Pa)

$$T_0 = (273+20)(K)$$

$$\rho_0 = 1.205(kg/m^3)$$

文丘里流量计的实际条件：$p_1 = p_0 + \text{PI}/02$　PI/02 为风机出口压力，表压，Pa
$$T_1 = 273 + \text{TI}/12 \quad \text{TI}/12 \text{ 为风机出口温度，K}$$

实验中空气的实际密度为：
$$\rho = \frac{P_1 \cdot T_0}{P_0 \cdot T_1} \rho_0 (\text{kg/m}^3)$$

实际空气质量流量为：$q_{m,c}(\text{kg/h})$
$$q_{m,c} = \rho \cdot C_v \cdot A_v \sqrt{\frac{2\Delta P}{\rho}} = \rho \cdot C_v \cdot A_v \sqrt{\frac{2\text{PI}/03}{\rho}} \times 3600$$

式中，A_v 为管喉截面积，喉管直径 10.45mm；C_v 称为文丘里流量计的流量系数，取值 0.995；PI/03 为文丘里流量计的压差，Pa；ρ 空气的实际密度，kg/m³。

(2) 管内雷诺数 Re
$$Re = \frac{du\rho}{\mu}$$

上式中的物性数据 μ 可按管内定性温度 $T_\text{定} = (\text{TI}/10 + \text{TI}/11)/2$ 查出。

$$u = \frac{4q_{m,c}}{\rho \pi d^2}$$

式中，u 为管内空气速度，m/s。

(3) 传热速率

空气的吸热速率依据式 (5-1) 计算。

管内空气定性温度，$T_\text{定} = (\text{TI}/10 + \text{TI}/11)/2$

(4) 管内 $\alpha_\text{i测}$

依据式 (5-11)、式 (5-12)、式 (5-13)、式 (5-15)，可以求解 α_i，记作 $\alpha_\text{i测}$。

定性温度取 TI/10 与 TI/11 的算术平均值。

(5) 管内 $\alpha_\text{i理}$

参照式 (5-18) 计算得到 α_i，记作 $\alpha_\text{i理}$。

定性温度取 TI/10 与 TI/11 的算术平均值。

2. 管外 α_o 计算

(1) 管外 $\alpha_\text{o测}$

依据式 (5-8)、式 (5-9)、式 (5-10)、式 (5-11)，可以求解 α_o，记作 $\alpha_\text{o测}$。

式中，A_wo 为管外表面积，$A_\text{wo} = d_o \pi L$，m²，$d_o = 22\text{mm}$，$L = 1200\text{mm}$。

(2) 管外 $\alpha_\text{o理}$

参照式 (5-17)，计算得到 α_o，记作 $\alpha_\text{o理}$。

蒸汽的定性温度 $T_\text{定}$ 按照下式确定：

$$T_\text{定} = \frac{\text{TI}01 + \overline{T}_w}{2}; \overline{T}_w = \frac{\text{TI}08 + \text{TI}09}{2}$$

3. 总传热系数 K 计算

(1) $K_\text{o测}$

以外壁面面积 A_wo 为基准，依据式 (5-7) 计算 $K_\text{o测}$。

式中，A_wo 为管外表面积，$A_\text{wo} = d_o \pi L$，m²。

(2) $K_{o理}$

依据下式，计算以外壁面面积 A_{wo} 为基准的 K 的理论值，记作 $K_{o理}$。

$$\frac{1}{K_{o理}} = \frac{d_o}{\alpha_i d_i} + \frac{\delta d_o}{\lambda d_m} + \frac{1}{\alpha_o}$$

式中，λ 为铜导热系数，380W/(m·K)；$d_m = (d_i + d_o)/2$，m；δ 为铜管壁厚，$\delta = (d_o - d_i)/2$，m。

六、数据记录

1. 参照表 5-4～表 5-6 记录原始数据。

表 5-4　套管换热器数据记录

空气流量 $(q_{v,c})/(m^3/h)$	空气流量校正数据		蒸汽进口温度	壁温		空气温度	
	PI02/kPa	TI12/℃	TI01/℃	TI/08-进/℃	TI/09-出/℃	TI/10-进/℃	TI/11-出/℃

表 5-5　缠绕管换热器数据记录

空气流量 $(q_{v,c})/(m^3/h)$	空气流量校正数据		蒸汽		空气	
	PI02/kPa	TI12/℃	TI01-进/℃	TI/05-出/℃	TI/06-进/℃	TI/07-出/℃

表 5-6　板式换热器数据记录

空气流量 $(q_{v,c})/(m^3/h)$	空气流量校正数据		蒸汽		空气	
	PI02/kPa	TI12/℃	TI01-进/℃	TI/02-出/℃	TI/03-进/℃	TI/04-出/℃

2. 根据数据处理结果，分别绘制各换热器的 $\lg K \sim \lg Re$ 曲线、$\lg \alpha_{测} \sim \lg Re$ 曲线、$\lg \alpha_{理} \sim \lg Re$ 曲线。

3. 说明 $\lg K \sim \lg Re$ 曲线、$\lg \alpha_{测} \sim \lg Re$ 曲线、$\lg \alpha_{理} \sim \lg Re$ 曲线的特点，并比较不同间壁式换热器的传热能力大小。

4. 说明同一个换热器 $\lg \alpha_{理}$ 与 $\lg \alpha_{测}$ 的关系。

七、思考题

1. 实验中是如何判断传热过程是否达到平衡的？

2. 实验操作中影响 K 和 α 的主要因素有哪些？

3. 随着空气流量增加，换热器内对流传热系数与总传热系数如何变化？

4. 套管换热器 $\alpha_{测}$ 和 $\alpha_{理}$ 存在差异的原因有哪些？

5. 比较几种换热器传热效果，研究其换热效果存在差异的主要原因。

6. 本实验所涉及的两种流体的间壁传热过程，各速率方程与总传热速率方程的得出均离不开"傅里叶定律"。我们所熟知的"傅里叶变换""傅里叶级数""傅里叶分析"等理论，都与法国科学家"让·巴普蒂斯·约瑟夫·傅里叶"有关。你了解这位科学巨星的艰辛成长之路吗？如果你想走近他，请阅读相关材料，并思考我们应该如何学习他始终以执着的态度坚守科学的精神？

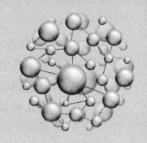

实验 6

连续填料精馏柱分离能力的测定

一、实验目的

1. 掌握精馏原理、精馏分离能力的影响因素、分离能力的评价方法。
2. 对比掌握简单蒸馏装置与精馏设备的组成、操作的区别与联系。
3. 实验测定一定回流比以及不同上升蒸汽流速、回流液体流速下,一定高度的填料塔对乙醇-正丙醇二元混合体系的分离能力。

二、实验原理

精密蒸馏(简称精馏)是一种重要的传质单元操作,在实验室以及工业生产中用以分离有较大挥发性差异的液体混合物。完成精馏分离单元操作的设备有板式塔与填料塔两大类。连续填料精馏分离能力的影响因素可归纳为三个方面:一是物性因素,如物系及其组成、汽液两相的各种物理性质等;二是设备结构因素,如塔径与塔高,填料的形式、规格、材质和填充方法等;三是操作因素,如上升蒸汽速度、回流液体速度、进料状况和回流比等。在既定的设备和物系中影响分离能力的主要操作变量为上升蒸汽速度、回流液体速度和回流比。

精馏塔分离能力的测定与评价多采用正庚烷-甲基环己烷理想二元混合液、乙醇-正丙醇二元混合液、乙醇-水二元混合液作为实验物系,在不同操作条件下测定填料精馏柱的等板高度(当量高度),并以精馏柱的利用系数作为优化目标,寻求精馏柱的最优操作条件。在全回流条件下,表征在不同上升蒸汽速度和回流液体速度下的填料精馏塔分离性能,常以每米填料高度所具有的理论塔板数,或者与一块理论塔板相当的填料高度,即等板高度(HETP),作为主要指标。

在一定回流比下,连续精馏塔的理论塔板数可采用逐板计算法(Lewis-Matheson 法)或图解计算法(McCabe-Thiele 法)。

在全回流下,理论塔板数可由逐板计算法导出简单公式,称为芬斯克(Fenske)公式进行计算,即:

$$N_{T,0} = \frac{\ln\left[\left(\frac{x_d}{1-x_d}\right)\left(\frac{1-x_w}{x_w}\right)\right]}{\ln\alpha} - 1 \tag{6-1}$$

式中，相对挥发度 α 采用塔顶与塔底的相对挥发度的几何平均值，即：

$$\alpha = \sqrt{\alpha_d \alpha_w} \tag{6-2}$$

式中，x_d 为塔顶轻组分摩尔分数；x_w 为塔底轻组分摩尔分数；α 为相对挥发度；$N_{T,0}$ 为连续精馏全回流下最小理论塔板数；α_d 为塔顶温度下相对挥发度；α_w 为塔底温度下相对挥发度。

在全回流或不同回流比下等板高度 h_e 可分别按式（6-3）和式（6-4）计算：

$$h_{e,0} = \frac{h}{N_{T,0}} \tag{6-3}$$

$$h_e = \frac{h}{N_T} \tag{6-4}$$

式中，h 为填料层高度，m；$h_{e,0}$ 为全回流下等板高度，m；h_e 为一定回流比下的等板高度，m；N_T 为一定回流比下的理论塔板数。

当填料层高度一定时，在全回流下测得的理论塔板数最多，等板高度最小，即分离能力最强。因而，在实验评比精馏分离能力时，多在全回流条件下进行。在不同上升蒸汽流速、回流液体流速下测得的理论塔板数越多，等板高度越小，分离效果越好。

为了表征连续精馏柱部分回流时的分离能力，在部分回流下可采用塔板利用系数作为评价指标。精馏柱的利用系数为在部分回流条件下测得的理论塔板数 N_T 与在全回流条件下测得的最大理论塔板数的比值，或者为上述两种条件下分别测得的等板高度之比，即：

$$K = \frac{N_T}{N_{T,0}} = \frac{h_e}{h_{e,0}} \tag{6-5}$$

式中，K 为塔板利用系数。

K 不仅与回流比有关，还与塔内上升蒸汽速度有关。因此，在实际操作中，应选择适当的操作条件，以获得适宜的利用系数。

三、仪器与试剂

实验装置由连续填料精馏柱和精馏塔控制仪两部分组成，实验装置流程及其控制线路如图 6-1 所示。

连续填料精馏装置由精馏柱、分馏头（全凝器）、蒸馏釜、原料液高位瓶、原料液预热器、回流比控制器、单管压差计、塔顶和塔釜温度测量与显示系统、塔顶产品收集器、塔釜产品收集器等部分组成。柱顶冷凝器用水冷却。被分离体系可取正庚烷-甲基环己烷理想二元混合液、乙醇-正丙醇二元混合液或乙醇-水二元混合液。

四、实验步骤

实验中可参考采用乙醇-正丙醇物系，并按体积比 1∶3 配制成实验液。产品组成利用阿贝折射仪测定折射率计算获得。

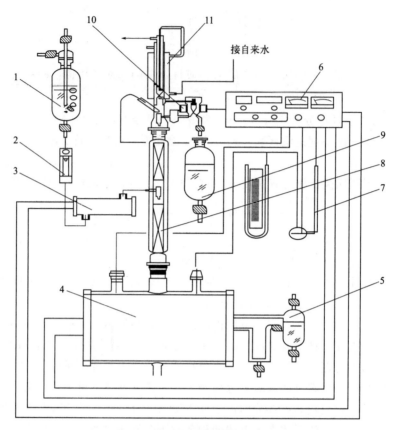

图 6-1 填料塔连续填料精馏装置
(此装置图参照新华教仪连续精馏装置绘制)
1—原料液高位瓶；2—转子流量计；3—原料液预热器；4—蒸馏釜；5—釜液受器；6—控制仪；7—单管压差计；
8—填料精馏柱；9—馏出液受器；10—回流比控制器；11—分馏头（全凝器）

1. 实验操作

（1）液泛操作 将配制好的实验液分别加入蒸馏釜、原料液高位瓶。向全凝器通入冷却水。打开控制仪的总电源开关，设置蒸馏釜的加热功率，加热，使蒸馏釜内料液缓慢加热至沸腾。逐渐增大加热功率并延长加热时间，使精馏塔内汽、液流速、蒸馏釜内釜压缓慢增加，直至出现液泛现象，立即记下液泛时的釜压，作为选择操作条件的依据，然后降低加热功率，使溶液保持微沸。

（2）在全回流，不同上升蒸汽流速（或釜压）下的操作 调节加热功率，分别将釜压控制在液泛釜压的 40%、60%、80% 处，待操作稳定后，分别从塔顶和塔底采样分析，降至室温后测定折射率，至少平行测定两次，直至测定结果平行为止。

（3）部分回流操作（选做） 调节回流比，在一定回流比下进行精馏操作，待操作稳定后，分别从塔顶和塔底采样分析，降至室温后测定折射率，至少平行测定两次，直至测定结果平行为止。

（4）关机操作 先关闭加热系统，待回流装置中无液体回流后再关闭冷却水。

2. 注意事项

（1）在采集分析试样前，一定要有足够的稳定时间。只有当观察到各点温度和釜压恒定后，才能取样分析，并以分析数据恒定为准。

(2) 为保证上升蒸汽的充分冷凝及回流量保持恒定，冷却水的流量要充足并维持恒定。
(3) 预液泛不要过于猛烈，以免影响填料层的填充密度，更须切忌将填料冲出塔体。
(4) 蒸馏釜和预热器液位始终要保持在加热棒以上，以防设备烧裂。
(5) 实验完毕后，应先关掉加热电源，待物料冷却后，再停冷却水。
(6) 测定样品折射率时，注意保持温度恒定。

五、数据处理

1. 测量并记录实验基本参数

(1) 设备基本参数。

填料柱的内径：$d=25$ mm；填料柱总高度：$h=$ _____ mm；精馏段填料层高度：$h_R=$ _____ mm；提馏段填料层高度：$h_s=$ _____ mm

填料形式及填充方式：不锈钢 θ 形多孔压延填料（乱堆）、瓷拉西环填料（乱堆）、金属丝网 θ 环填料（乱堆）、玻璃弹簧填料（乱堆）。

(2) 实验液及物性数据。

实验物系：A 为 _____ B 为 _____

实验液组成：

实验液的泡点温度：

各纯组分的摩尔质量：$M_A=$ _____ $M_B=$ _____

各纯组分的沸点：$T_A=$ _____ $T_B=$ _____

各纯组分的折射率（室温下）：$D_A=$ _____ $D_B=$ _____

混合液组成与折射率的关系：$D_m=D_A x_A + D_B \cdot x_B$

2. 实验数据记录

对于全回流下汽液流速（蒸馏釜釜压）对分离能力影响测定，数据可参考表 6-1 记录。

表 6-1　数据记录表 1

实验内容	
釜内压力 $p/\mathrm{mmH_2O}$	
柱顶蒸汽温度 $T_d/℃$	
釜残液温度 $T_w/℃$	
馏出液折射率 D_d	
馏出液组成 $x_d/\%$	
釜残液折射率 D_w	
釜残液组成 $x_w/\%$	
柱顶相对挥发度 α_d	
柱底相对挥发度 α_w	
平均相对挥发度 α	

3. 实验数据整理（参考表6-2）

表6-2 数据记录表2

实验内容	
釜内压力 $p/\mathrm{mmH_2O}$	
全回流塔理论塔板数 $N_{\mathrm{T},0}$/块	
等板高度 $h_{\mathrm{e},0}$/mm	

六、思考题

1. 精馏操作为什么需要回流？
2. 利用折射率求溶液浓度时，样品的测量温度对结果是否有影响？
3. 如何判断精馏操作是否稳定？
4. 深入理解热力学第二定律在精馏分离提纯中的应用，认识科学的魅力。本实验中为了实现液体混合物的分离，要求液体混合物必须有哪种物理性质的差异？需要消耗哪种形式的能量？

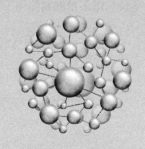

实验 7

气-固相内循环反应器的无梯度检验

一、实验目的

1. 掌握实验中以阶跃激发-响应技术中的清洗法测定内循环反应器的停留时间分布规律，对内循环反应器进行无梯度检验，以便确定实现无梯度操作的边界条件的实验方法。
2. 掌握影响反应器流动模型的因素，加深对反应器流动模型实质的理解。

二、实验原理

气-固相催化反应常用的反应器从产物浓度变化以及物料流动方式上可分为：微分反应器、积分反应器和循环反应器，循环反应器又分为外循环反应器和内循环反应器两大类。无论采用何种类型的反应器，在其用于研究反应过程之前，都应事先通过实验确定其流动模型。对于微分反应器和积分反应器，其流动模型一般控制为活塞流；对于循环反应器一般在全混流状况下进行实验研究。

气-固相催化反应在全混流状况下运行时可消除催化剂层中的浓度梯度和温度梯度，即实现无梯度，因此，内循环反应器在气-固催化反应过程的研究中应用很广。采用内循环反应器进行反应过程研究之前，应先通过反应器停留时间分布测定，寻找使反应器达到理想全混流模型的操作条件，即实现无梯度实验操作条件。

在反应器停留时间分布测定实验中，根据示踪剂加入的方式不同，测定方法分为脉冲激发-响应法、阶跃激发-响应法两种。前者示踪剂以一个脉冲信号形式加入，而后者是以阶梯信号形式加入。阶跃法又分为阶跃加入法和阶跃清洗法。阶跃加入法是在某一瞬间时，在反应器入口处，向定常态流动的主气流中突然加入稳定流量的示踪气体，与此同时，在反应器出口处连续测定主气流中示踪气体的浓度随时间的变化。阶跃清洗法的操作步骤恰好与阶跃加入法相反，即在入口处突然中断主气流中的示踪气体，同时测定出口气体中示踪气体的浓度随时间的变化。

对于全混流反应器，停留时间分布规律用停留时间分布函数 $F(t)$ 与停留时间 t 的变化关系来描述，称为停留时间分布曲线，如图 7-1 所示。

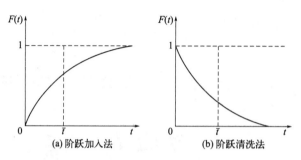

图 7-1 全混流模型的停留时间分布曲线

通过对全混流反应器中的示踪粒子进行物料衡算，可以得到全混流反应器的流动模型。

气体流过反应器达到了全混流，则反应器内各处的浓度必定相等，并且与反应器出口处的浓度完全相同，若采用清洗法测定停留时间分布，并设定：反应器的流通体积（即反应体积）为 V_R，物料进入反应器的体积流率为 $q_{V,0}$，物料流出反应器的体积流率为 q_V，入口物料中示踪物的浓度为 c_0，出口物料中示踪物的浓度为 $c(t)$。

则从反应器入口处含有示踪物浓度 $c_0=c_{max}$ 的物料切换为不含有示踪物的物料流（即 $c_0=0$）的瞬时算起，直至出口物料流中示踪物的浓度逐渐由 $c(t)=c_{max}$ 降为 $c(t)=0$ 时为止，在此期间内的某一时刻取时间间隔 dt，对示踪物进行物料衡算，可得物料衡算式：

$$q_{V,0} c_0 - q_V c(t) = \frac{V_R \mathrm{d}c(t)}{\mathrm{d}t} \tag{7-1}$$

由于入口物料流中示踪物的浓度 $c_0=0$，则式（7-1）经整理后可得：

$$\frac{-\mathrm{d}c(t)}{c(t)} = \frac{q_V}{V_R} \mathrm{d}t \tag{7-2}$$

按下列边界条件积分上式：当 $t=0$ 时，出口处瞬时浓度 $c(t=0)=c_{max}$；当 $t=t$ 时，出口处瞬时浓度为 $c(t)$。

$$-\int_{c_{max}}^{c(t)} \frac{\mathrm{d}c(t)}{c(t)} = \frac{q_V}{V_R} \int_0^t \mathrm{d}t \tag{7-3}$$

可得：

$$-\ln\left[\frac{c(t)}{c_{max}}\right] = \frac{q_V}{V_R} t \tag{7-4}$$

对于定常、恒容、进出口无返混的流动体系，$q_V=q_{V,0}$，$V_R/q_{V,0}=\bar{t}$，并且已知停留时间分布函数 $F(t)=c(t)/c_{max}$，则式（7-4）又可表示为：

$$-\ln F(t) = \frac{t}{\bar{t}} \tag{7-5}$$

可见，反应器达到全混流时，$-\ln F(t)$ 与 t 呈线性关系，且回归直线的斜率等于 $1/\bar{t}$。

若以无量纲时间 θ 为时标，且已知 $F(\theta)=F(t)$，则式（7-5）又可表示为：

$$\theta = \frac{t}{\bar{t}} \tag{7-6}$$

$$-\ln F(\theta) = \theta \tag{7-7}$$

可见，反应器达到全混流时，$-\ln F(\theta)$ 呈 θ 线性关系，且回归直线的斜率等于 1。

因此，用清洗法测得的停留时间分布实验数据标绘成 $-\ln F(t)-t$ 曲线，或者 $-\ln F(\theta)-$

θ 曲线,即可由曲线的线性相关性(要求 $r \geqslant 0.99$)和直线的斜率(接近于 1)来检验判断反应器在该操作条件下是否实现了全混流,即反应器内是否实现了浓度和温度的无梯度。

实验中以氮气为主流气体,氢气为示踪气体,并采用热导鉴定器检测反应器出口示踪气体的浓度随时间变化的关系,若采用计算机直接采集数据,且已知示踪物浓度 $c(t)$ 与测得的毫伏值 $U(t)$ 呈过原点的线性关系,则:

$$t = n/u \tag{7-8}$$

$$F(t) = \frac{c(t)}{c_{\max}} = \frac{U(t)}{U_{\max}} \tag{7-9}$$

式中,n 为数据采集累计次数,次;u 为数据采集频率,次/s。

实验中记录仪输出实验曲线如图 7-2 所示。依据式(7-6)将 t 转换为 θ。对于阶梯法,$\bar{t}$ 的计算可参照式(7-10)。

$$\bar{t} = \frac{\sum_{0}^{n} t_i \cdot \Delta F(t)}{\sum_{0}^{n} \Delta F(t)} = \frac{\sum_{i=1}^{n} t_i \cdot [F(t_i) - F(t_{i-1})]}{\sum_{i=1}^{n} [F(t_i) - F(t_{i-1})]} \tag{7-10}$$

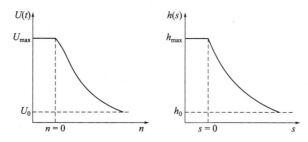

图 7-2 清洗法测得实验曲线

将测得的原始数据换算后,标绘出 $-\ln F(t)\text{-}t$ 和 $-\ln F(\theta)\text{-}\theta$ 曲线,根据标绘的曲线的线性相关程度和斜率进行检验判断,若实验数据点完全落在一条直线上,也即相关系数接近于 1,且 $-\ln F(\theta)\text{-}\theta$ 关系曲线与斜率为 1 的直线完全重合,则反应器内的浓度分布达到了无梯度,否则未能达到无梯度。

三、仪器与试剂

实验装置(如图 7-3 所示)由内循环反应器、气路控制箱、电路控制箱和配置有 A/D 转换板的计算机四部分组成。氮气来自氮气钢瓶,氢气来自氢气钢瓶。主流氮气来自氮气钢瓶,经减压阀和稳压阀导入反应器的气体入口。自反应器出口排出的气体,其中一路主气流经气体流量计计量后放空;另一路通过热导池的工作臂,再经气体流量计计量后放空。热导池参考臂所需的气体,直接来自氮气钢瓶。先经减压阀和稳压阀,经气体流量计计量后放空。示踪气体来自氢气钢瓶,经气体流量计计量后,通过截止阀的切换,可将一定量的示踪气体加入或者停止加入到主气流中。进口气体中示踪气体的浓度变化用热导鉴定器进行检测。检测信号通过接口输入计算机。

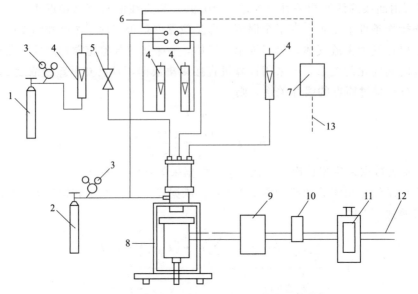

图 7-3 气-固相内循环反应器的无梯度检验实验装置流程
（此装置图参照新华教仪气体停留时间分布装置绘制）

1—氢气钢瓶；2—氮气钢瓶；3—减压阀；4—流量计；5—截止阀；6—热导池；7—A/D 转换板；
8—内循环反应器；9—整流器；10—转速表；11—转速器；12—接电源；13—接计算机

四、实验步骤

1. 实验操作

（1）打开氮气与氢气钢瓶，经减压、稳压后调节压力为实验所需值。

（2）调节氮气流量：主流氮气流量范围为 400~800mL/min；热导池参考臂气体流量范围为 40~80mL/min；热导池工作臂气体流量范围为 40~80mL/min。

（3）待各路流量稳定后，打开电路系统和计算机。启动计算机及实验数据采集程序，待用。设置检测器工作电流，使热导池工作电压介于 8~9V 之间。需稳定 30min 后方可进行以下操作。

（4）在一定主流气体流量下，按下列步骤用清洗法测定停留时间分布。

① 在 1000~2000r/min 范围内，调定搅拌转速；

② 调节示踪气体氢气的流量，保证检测到的热导池输出信号介于 900~1000mV 之间，且保持恒定；

③ 待 U_{max} 稳定不变后快速关闭氢气截止阀，同时按下数据采集指令键；

④ 待热导池输出电压降至基线位置，按下终止数据采集命令，将采集到的数据赋予文件名（8位以下字母或数字）后存入待用；

⑤ 改变搅拌速率，重复上述实验步骤。注意：调定搅拌速率后，必须重新检查和调整池平衡。

（5）改变主流气体流量，重复进行实验，由此可测得一系列不同流量和转速下的停留时间分布曲线。

通过上述一系列的实验可获得反应器实现无梯度的最大流量和最低搅拌转速。

(6) 实验数据采集和处理完毕之后，按以下步骤进行停机操作。
① 将搅拌转速调回零点；
② 关掉电路系统电源开关；
③ 先关闭钢瓶总阀门，然后关闭各路气体调节阀；
④ 记录数据，最后关闭计算机电源开关。

2. 注意事项

（1）开机时，必须先通气，后通电；关机时，必须先断电，后断气。以此保证热导池在有气体流通的状态下运行，防止烧毁热导池。

（2）为了保证热导检测器的工作性能稳定，在实验之前必须至少稳定运行半小时。同时，在整个操作过程中，必须保持各路气体流量和桥路工作电流稳定，否则仪器无法稳定运行。

（3）气体高压钢瓶的使用一定要严格按操作规程进行操作，注意安全。

五、数据处理

1. 记录实验设备与操作的基本参数

（1）内循环反应器填装颗粒物种类。
颗粒直径 $d_p=$　　　mm；颗粒填装量 $V_P=$　　　mL；反应体积 $V_R=$　　　mL
（2）热导鉴定工作参数。
工作电流 $I=$　　　mA；参考臂气体流量 $q_V=$　　　mL/min；工作臂气体流量 $q_V=$　　　mL/min

2. 实验数据记录（参考表 7-1）

主流气体流量 $q_{V,0}=$　　　mL/min；示踪气体流量 $q_{V,i}=$　　　mL/min；
搅拌器转速 $r=$　　　r/min；采集数据频率 $u=$　　　次/s

表 7-1　数据记录表 1

编号	
数据采集累计次数 n/次	
电压值 $U(n)$/mV	

3. 数据整理

（1）将实验数据按表 7-2 进行整理，列出表中各项计算公式。

表 7-2　数据记录表 2

编号	
时间 t/s	
分布函数 $F(t)$	
$-\ln F(t)$	

（2）按表 7-2 标绘 $F(t)$-t 停留时间分布曲线和 $-\ln F(t)$-t 检验曲线，计算检验曲线的线性相关系数、回归系数和平均停留时间，将实验数据再按表 7-3 进行整理。

表 7-3　数据记录表 3

编号	
无量纲时间 θ	
分布函数 $F(\theta)$	
$-\ln F(\theta)$	

（3）按表 7-3 数据整理结果，标绘 $F(\theta)$-θ 停留时间分布曲线和 $-\ln F(\theta)$-θ 检验曲线，并在 $-\ln F(\theta)$-θ 图上标出斜率为 1 的参考线，计算检验曲线的线性相关系数和回归系数。

（4）综合判断在气体流量和搅拌速率下反应器内是否达到了无梯度。

六、思考题

1. 无梯度反应器的判定条件是什么？
2. 影响内循环反应器的无梯度条件是什么？
3. 如何根据测得的离散 $F(t)$-t 数据计算平均停留时间？
4. 从绿色、节能的角度，分析反应器流动模型检验与类型选择的重要性。

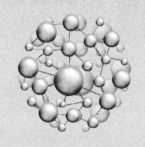

实验 8

连续搅拌釜式反应器液体停留时间分布实验

一、实验目的

1. 通过实验了解利用电导率测定停留时间分布的基本原理和实验方法。
2. 掌握停留时间分布统计特征值的计算方法。
3. 学会用理想反应器串联模型来描述实验系统的流动特性。
4. 通过实验深入掌握停留时间分布、返混、流动特性数学模型等概念。

二、实验原理

通过测定停留时间分布可以建立连续搅拌釜式反应器的流动模型。停留时间分布测定方法有脉冲激发-响应技术和阶跃激发-响应技术。

用脉冲激发方法测定停留时间分布曲线的方法是：在设备入口处，向主体流体瞬时注入少量示踪剂，与此同时在设备出口处检测示踪剂的浓度 $c(t)$ 随时间 t 的变化关系数据或变化关系曲线。由实验测得的 $c(t)$-t 变化关系曲线可以直接转换为停留时间分布密度 $E(t)$ 随时间 t 的关系曲线。

由实验测得的 $E(t)$-t 曲线的图像，可以定性判断流体流经反应器的流动状况。由实验测得全混流反应器和多级串联全混流反应器的 $E(t)$-t 曲线如图 8-1 所示。若各釜的有效体积分别为 $V_{R,1}$、$V_{R,2}$ 和 $V_{R,3}$，当单釜、双釜串联和三釜串联全混流反应器的总有效体积保持相同，即 $V_{1,CSTR}=V_{2,CSTR}=V_{3,CSTR}$ 时，则 $E(t)$-t 曲线的图像如图 8-1 (a) 所示。当各釜体积虽然相同，但单釜、双釜串联、三釜串联的总有效体积各不相同时，即单釜有效体积 $V_{1,CSTR}=V_{R,1}$，而双釜串联总有效体积 $V_{2,CSTR}=V_{R,1}+V_{R,2}=2V_{R,1}$，三釜串联的总有效体积 $V_{3,CSTR}=V_{1,CSTR}+V_{2,CSTR}+V_{3,CSTR}=3V_{R,1}$，则 $E(t)$-t 曲线的图像如图 8-1 (b) 所示。

脉冲输入法是在较短的时间内（0.1～1.0s），向设备内一次注入一定量的示踪剂，同时开始计时，并不断分析出口示踪物料的浓度 $c(t)$ 随时间的变化。概率分布密度 $E(t)$ 就是系统的停留时间分布密度函数。因此，$E(t)dt$ 就代表了流体粒子在反应器内停留时间介于

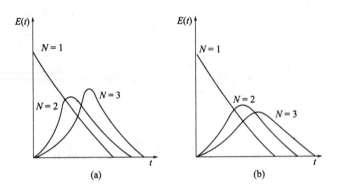

图 8-1　全混流反应器和多级串联全混流反应器的 $E(t)$-t 曲线

$t \sim t + \mathrm{d}t$ 之间的概率。

在反应器出口处测得的 $c(t)$-t 曲线称为响应曲线。由响应曲线可以计算出 $E(t)$ 与时间 t 的关系，并绘出 $E(t)$-t 关系曲线。计算方法是对反应器作示踪剂的物料衡算，即：

$$q_V c(t) \mathrm{d}t = m E(t) \mathrm{d}t \tag{8-1}$$

式中，q_V 为主流体的流量；m 为示踪剂的加入量。示踪剂的加入量可用式（8-2）计算：

$$m = \int_0^\infty q_V c(t) \mathrm{d}t \tag{8-2}$$

当 q_V 恒定时，由式（8-1）和式（8-2）求出：

$$E(t) = \frac{c(t)}{\int_0^\infty c(t) \mathrm{d}t} \tag{8-3}$$

关于停留时间分布的另一个统计函数是停留时间分布函数 $F(t)$，即：

$$F(t) = \int_0^t E(t) \mathrm{d}t \tag{8-4}$$

$E(t)$ 和 $F(t)$ 反映了停留时间分布规律。为了比较不同停留时间分布之间的差异，需引入数学期望和方差两个统计特征。

停留时间分布的数学期望为平均停留时间 $\bar{t}$，若等时间间隔取点，有：

$$\bar{t} = \frac{\int_0^\infty t E(t) \mathrm{d}t}{\int_0^\infty E(t) \mathrm{d}t} = \int_0^\infty t E(t) \mathrm{d}t \tag{8-5}$$

停留时间 t 的方差是指 $(t - \bar{t})^2$ 的数学期望值，记作 σ_t^2，依据式（8-6）计算：

$$\sigma_t^2 = \int_0^\infty t^2 E(t) \mathrm{d}t - \bar{t}^2 \tag{8-6}$$

也可用无因次停留时间 θ 的方差值 σ_θ^2 来表示数据分布的离散程度，根据式（8-7）进行计算：

$$\sigma_\theta^2 = \frac{\sigma_t^2}{\bar{t}^2} \tag{8-7}$$

对活塞流反应器 $\sigma_\theta^2 = 0$；而对全混流反应器 $\sigma_\theta^2 = 1$。对于非理想流动反应器或者多釜串联反应器，其流动模型的模型参数 N 可由 σ_θ^2 根据式（8-8）来计算：

$$N = \frac{1}{\sigma_\theta^2} \tag{8-8}$$

当 N 为整数时,代表该非理想流动反应器可用 N 个等体积的全混流反应器的串联来建立模型。当 N 为非整数时,可以用四舍五入的方法近似处理,也可以用不等体积的全混流反应器串联模型。

三、仪器与试剂

反应器为有机玻璃制成的搅拌釜,三个小反应釜有效容积均为 1000mL,一个大反应釜的有效容积为 3000mL,其搅拌方式均为叶轮搅拌。示踪剂为饱和 KNO_3 水溶液,通过电磁阀瞬时注入反应器。反应器出口示踪剂 KNO_3 在不同时刻浓度 $c(t)$ 的检测通过电导率仪完成。实验装置如图 8-2 所示。电导率仪的传感器为铂电极,当含有 KNO_3 的水溶液通过安装在釜内液相出口处的铂电极时,电导率仪将浓度 $c(t)$ 转化为毫伏级的直流电压信号,该信号经放大器与 A/D 转换板处理后,由模拟信号转换为数字信号。

实验试剂:主流体为自来水,示踪剂为 KNO_3 饱和溶液。

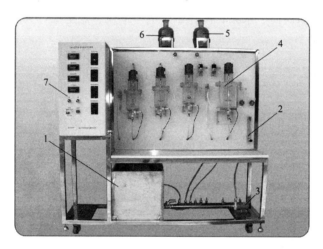

图 8-2 连续搅拌釜式反应器液体停留时间分布实验装置
(此装置图为浙江中控科教仪器设备有限公司的多釜串联液体停留时间实验装置)
1—循环水槽;2—流量计;3—水泵;4—反应釜;5—示踪剂高位瓶;
6—清洗剂高位瓶;7—电路控制系统

四、实验步骤

1. 实验前的准备工作

(1) 配制饱和 KNO_3 溶液并预先加入示踪剂高位瓶内,注意将瓶口小孔与大气连通。

(2) 将蒸馏水预先加入清洗剂高位瓶内,注意将瓶口小孔与大气连通。

(3) 打开自来水阀门向水箱内注入水。

2. 实验操作

(1) 打开系统电源。

(2) 打开电导率仪，开始实验前应保证使其预热 0.5h 以上。

(3) 开动水泵，调节转子流量计的流量，待各釜内充满水后将流量调至实验要求值，打开各釜放空阀，排净反应器内残留的空气。

(4) 打开示踪剂瓶阀门，根据实验项目（单釜或三釜）将指针阀转向对应的实验釜。

(5) 启动计算机数据采集系统，使其处于正常工作状态。

(6) 键入实验条件。例如，单釜或者多釜；水的流量；搅拌转速；采样次数（10～15 次）；进样时间（0.1～1.0s）等。

(7) 运行实验。点击确定后，待采集两次空白样（基线）后，点击注入盐溶液。采集时间需 35～40min，采样完成后退出程序。

(8) 获得实验数据。进入实验数据文件夹，可调出、复制、保存、记录实验数据。

(9) 在同一水流量条件下，分别进行两个搅拌转速的数据采集；也可在相同转速下改变液体流量，依次完成所有条件下的数据采集。

(10) 结束实验。

① 关闭示踪剂高位瓶阀门，打开清洗剂高位瓶阀门。

② 在一定水流量、搅拌转速下，重复 (6)、(7) 两步，清洗实验系统。

③ 依次关闭自来水阀门、水泵、搅拌器、电导率仪、总电源，关闭计算机。

④ 将仪器复原。

五、数据处理

1. 记录实验设备与操作的基本参数（参考表 8-1）

有效容积：$V_R=$ 　　 m^3；主流流体（水）体积流率：$q_V=$ 　　 m^3/s

搅拌速度：$n=$ 　　 r/min

表 8-1　数据记录表 1

编号	
数据采集累计数 n/次	
时间 t/s	
电压值 $U(n)$/mV	

2. 实验数据处理

① 由实验数据计算停留时间的主要数字特征和模型参数列入表 8-2 中，并写出表中各项的计算公式。

表 8-2　数据记录表 2

停留时间 t/s	
停留时间的数学期望 $\bar{t}$/s	
停留时间分布的方差 σ_t^2/s^2	
停留时间分布的无量纲方差 σ_θ^2	
多级全混流模型参数 N	

② 根据每次实验结果，检验是否已接近理想流动模型，进而从一系列实验结果中得出实现理想流动模型的主要操作条件的数值范围。

六、思考题

1. 既然反应器的个数是 3 个，模型参数 N 又代表全混流反应器的个数，那么 N 就应该是 3，若不是，为什么？

2. 全混流反应器具有什么特征？如何利用实验方法判断搅拌釜是否达到全混流反应器的模型要求？如果尚未达到，如何调整实验条件使其接近这一理想模型？

3. 从绿色、节能的角度，分析反应器流动模型检验与类型选择的重要性。

实验 9

填料塔吸收传质系数的测定

一、实验目的

1. 了解填料塔吸收装置的基本结构、流程及操作。
2. 掌握总体积传质系数的测定方法。
3. 了解液体空塔速度（喷淋密度）对总体积传质系数的影响。
4. 掌握影响总体积传质系数的主要操作因素。

二、实验原理

气体吸收是典型的传质单元操作，在吸收塔中完成，用来分离溶解度有差异的气体混合物。吸收单元操作设计的任务主要包括：选择高选择性吸收剂、确定吸收剂用量、根据分离任务确定传质单元数或者填料高度等。影响吸收传质系数的因素有物性因素、设备因素、操作因素三个方面。物性因素、设备因素均一定时，吸收传质系数主要受操作温度、压力、吸收剂的流量等操作因素的影响。在设计计算时，对于低浓度气体吸收，由于气、液流量几乎不变（即操作因素保持不变），填料塔内的气液两相传质系数可以认为是一个定值。吸收过程示意如图 9-1 所示。

以水-空气-CO_2 体系为例，说明总体积传质系数的获得方法。

根据传质速率方程，在假设总体积传质系数为常数、等温、低吸收率（或低浓度、难溶等）条件下，可推导得出吸收速率方程：

$$G_a = K_{xa} \cdot V \cdot \Delta X_m \tag{9-1}$$

则

$$K_{xa} = G_a / (V \cdot \Delta X_m) \tag{9-2}$$

式中，K_{xa} 为以液相浓度表示的溶质的体积传质系数，$kmol/(m^3 \cdot s)$；G_a 为溶质的吸收量，$kmol/s$；V 为填料层的体积，m^3；ΔX_m 为溶质的对数平均传质推动力。

可以通过作全塔物料衡算，按照式（9-3）计算得到 G_a：

$$G_a = L_s(X_1 - X_2) = G_B(Y_1 - Y_2) \tag{9-3}$$

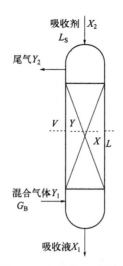

图 9-1 吸收过程示意图

式中，L_s 为进入吸收塔的吸收剂的流量，kmol/s；G_B 为进入吸收塔的气体的流量，kmol/s；X_1、X_2 为出塔、进塔的液相中溶质的比摩尔分数，kmol/kmol；Y_1、Y_2 为进塔、出塔（尾气）气相中溶质的比摩尔分数，kmol/kmol。

实验中，可通过安装流量计分别测得进塔气体流量 $q_{v,B}$（m³/s）与液体吸收剂的流量 $q_{v,s}$（m³/s）。吸收前、后气体中溶质的含量（体积分数）y_1 及 y_2 可以由溶质的定量分析设备获得。

对于水-空气-CO_2 吸收体系，由吸收剂流量计读数，得到水的流量 $q_{v,s}$，依据式（9-4）计算得到 L_s：

$$L_s = \frac{q_{v,s} \cdot \rho_水}{M_水} \tag{9-4}$$

式中，$q_{v,s}$ 为水的流量，m³/s；$\rho_水$ 为水的密度，kg/m³；$M_水$ 为水的摩尔质量，$M_水 = 18$ kg/kmol。

由气体流量计读数，得到空气流量 $q_{v,B}$，依据式（9-5）计算得到 G_B：

$$G_B = \frac{q_{v,B} \cdot \rho_0}{M_{空气}} \tag{9-5}$$

式中，$q_{v,B}$ 为空气的流量，m³/s；ρ_0 为空气的密度，标准状态下 $\rho_0 = 1.205$ kg/m³；$M_{空气}$ 为空气的摩尔质量，$M_{空气} = 29$ kg/kmol。

按照式（9-6），根据实验中测得的 y_1 与 y_2 可以换算得到 Y_1 与 Y_2：

$$Y_1 = \frac{y_1}{1 - y_1} \tag{9-6(1)}$$

$$Y_2 = \frac{y_2}{1 - y_2} \tag{9-6(2)}$$

对于溶质在液相的比摩尔分数 X_1、X_2，可以认为吸收剂（自来水）中不含 CO_2，则 $X_2 = 0$；由式（9-3）可以计算得到 X_1：

$$X_1 = \frac{G_B(Y_1 - Y_2)}{L_s} \tag{9-7}$$

当气液两相之间传质达到平衡时，Y 与 X 满足亨利定律式（9-8）。依据式（9-8），利用 Y_1 与 Y_2，分别计算得到与气相浓度成平衡的溶质的液相平衡组成 X_{e1} 与 X_{e2}。进而依据式（9-10）求得 ΔX_m。其中，不同温度下，CO_2-H_2O 体系的相平衡常数 m 可以从表9-1中查得。

$$Y = mX \tag{9-8}$$

$$\Delta X_1 = X_{e1} - X_1 = \frac{Y_1}{m} - X_1 \tag{9-9(1)}$$

$$\Delta X_2 = X_{e2} - X_2 = \frac{Y_2}{m} - X_2 \tag{9-9(2)}$$

$$\Delta X_m = \frac{\Delta X_1 - \Delta X_2}{\mathrm{Ln}\dfrac{\Delta X_1}{\Delta X_2}} \tag{9-10}$$

由式（9-2）～式（9-10）联立，可以求得 K_{xa}。

表9-1 不同温度下 CO_2-H_2O 体系的相平衡常数

温度/℃	5	10	15	20	25	30	35	40
m	877	1040	1220	1420	1640	1860	2083	2297

三、仪器与试剂

吸收实验装置如图9-2所示，以 H_2O 为吸收剂，在填料吸收塔中模拟空气-CO_2 混合气中 CO_2 的分离，求取以液相组成表示的体积传质系数 K_{xa}。流程中仪表、阀门名称见表9-2。

(1) 水 水来自自来水管网，经流量计测量流量后，由吸收塔顶送入，吸收液自塔底水封流出，然后排入地沟。

(2) 空气 空气由鼓风机（漩涡气泵）送出，经流量计计量流量后，与来自钢瓶的 CO_2 气混合后从底部进入吸收塔，经过与自塔顶喷淋的吸收剂（水）逆流接触吸收后，剩余尾气进入大气放空。

(3) CO_2 CO_2 来自钢瓶，经总阀、减压阀后进入 CO_2 缓冲罐，由转子流量计调节、计量流量后，进入气体管路与空气混合。

(4) 取样 在吸收塔气相进口管路、出口管路分别设有取样口，可根据需要在线切换取样。

(5) 设备仪表参数

① 填料塔。塔内径100mm；每段填料层高500mm，共2层；填料为 ϕ10mm 陶瓷拉西环，丝网除沫。

② 漩涡气泵。空气输送设备，800W，220V。

③ 水涡轮流量计。PVCLW10，量程范围 100～1000L/h，4～20mA 输出。

④ CO_2 转子流量计。LZB-6T，量程范围 0.3～3L/min。

⑤ 空气质量流量计。最大流量 300L/min。

⑥ U形压差计。测量气体流经吸收塔的压降，±2000Pa。
⑦ 水温测量。热电阻温度计：Pt100。

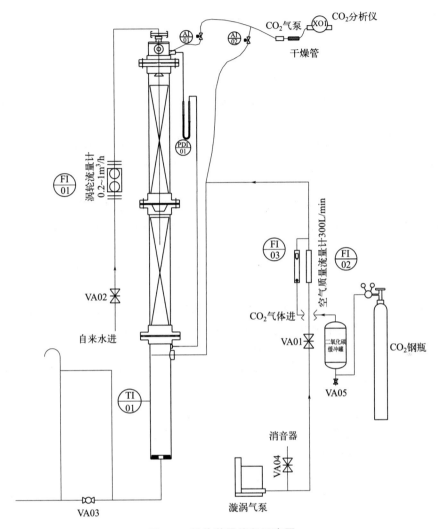

图 9-2　吸收装置流程示意图
[此装置图参照莱帕克（北京）科技有限公司吸收实验装置绘制]

表 9-2　仪表、阀门编号对照表

序号	编号	名称	序号	编号	名称
1	VA01	空气流量调节阀	8	FI/02	空气流量测量显示仪表
2	VA02	自来水流量调节阀	9	FI/03	CO_2 流量测量显示仪表
3	VA03	吸收塔放净阀	10	PDI/01	吸收塔压降测量与显示
4	VA04	漩涡气泵旁路调节阀（放空阀，消音器）	11	AI/01	吸收塔出气采样阀
5	VA05	CO_2 缓冲罐放空阀	12	AI/02	吸收塔进气采样阀
6	TI/01	水温测量与显示	13	XO1	CO_2 含量分析仪
7	FI/01	水流量测量显示仪表			

四、实验步骤

1. 实验操作

（1）依次打开 CO_2 钢瓶总阀、减压阀（减压表示数应不低于 0.1MPa），CO_2 进入缓冲罐。

（2）依次打开仪器总电源、控制电源，进行仪表系统自检。双击电脑上的"吸收实验"图标，进入吸收系统数据采集界面。

（3）打开自来水管路上阀门，用水流量调节阀调节、控制水的流量（在 200～600L/h 范围内取值），并维持在实验设定值（水的流量在电脑控制系统中显示）；塔底液位缓慢升高，并保证一定液封高度，可防止气体泄漏。

（4）打开漩涡气泵后的旁路调节阀，在空气流量调节阀关闭的状态下，启动漩涡气泵（电脑控制），调节并控制空气流量在 0.6～0.7m^3/h 范围内的某一值，实验过程中维持此流量不变。

（5）调节 CO_2 转子流量计到预定值（建议 1～2L/min），在线分析仪测定 CO_2 的进气浓度，实验中 CO_2 的进气浓度保持 7.5%～8%左右不变。

（6）待塔操作稳定后，选择对应组数据，点击数据记录，控制系统自动记录进水流量 $q_{v,S}$、空气流量 $q_{v,B}$、塔底水温 T、压差计读数、CO_2 的进气浓度 y_1。然后，切换在线分析尾气中 CO_2 的浓度 y_2，稳定后采集并记录 y_2。

（7）在 200～600L/h 的范围内改变水的流量（测定 3～4 组数据），重复（6）中操作。

（8）实验完毕，依次完成下面操作步骤。

① 关闭 CO_2 钢瓶总阀、减压阀、CO_2 转子流量计。
② 关闭空气管路流量调节阀、关闭风机、关闭空气放空阀。
③ 关闭水流量调节阀、自来水阀门。
④ 记录、保存、导出数据，退出系统，关机。
⑤ 先关控制电源，再关总电源。

2. 注意事项

（1）固定好操作点后，应注意保持各量不变。

（2）操作稳定以后才能读取、记录有关数据。

（3）由于 CO_2 气体是液态 CO_2 从钢瓶中经减压释放，为了保证实验中 CO_2 气体流量稳定，在实验开始前提前 20min 打开 CO_2 钢瓶总阀、减压阀。

（4）为了防止憋压损坏漩涡气泵，启动、关闭漩涡气泵前应先打开其出口旁路上的放空阀。

五、数据处理

1. 实验数据记录

将原始数据参照表 9-3 记录。

表 9-3 水-空气-CO_2 吸收实验原始数据

填料种类：　　　　　填料体积 V：　　m^3；CO_2 流量：

序号	水流量 $q_{v,s}$ / (L/h)	水温/℃	全塔压降 /cmH_2O	空气的流量 $q_{v,B}$ / (m^3/h)	气相 CO_2 组成	
					y_1	y_2
1						
2						
3						
4						

2. 实验数据处理

参照表 9-4 列出实验结果，并给出数据处理计算示例。

表 9-4 水-空气-CO_2 吸收实验数据处理结果

$\rho_{水}=$　　kg/m^3；$\rho_0=$　　kg/m^3；$X_2=0$；相平衡常数 $m=$

序号	空气 G_a / (kmol/s)	水 L_s / (kmol/s)	Y_1	Y_2	X_1	ΔX_m	K_{xa} / (kmol/m^3·s)
1							
2							
3							
4							

六、思考题

1. 本实验中，为什么塔底要有液封？联系流体静力学方程思考液封高度应如何计算？

2. 深入理解热力学第二定律在吸收单元操作中的应用，认识科学的魅力。本实验中为了实现气体混合物的分离，要求气体混合物必须有哪种物理性质的差异？需要消耗哪种形式的能量？

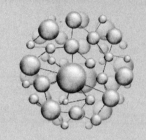

实验 10

恒压过滤常数的测定

一、实验目的

1. 熟悉板框压滤机的构造和操作方法。
2. 通过恒压过滤实验,验证过滤基本理论。
3. 学会测定过滤常数 K、过滤介质的 q_e、τ_e 及滤饼压缩性指数 s 的方法。
4. 了解过滤压力对过滤速率的影响。

二、实验原理

过滤是以某种多孔物质为介质来处理悬浮液以达到固、液分离的一种单元操作。在外力作用下,悬浮液中的液体通过固体颗粒层(即滤饼层)及多孔介质的孔道,而固体颗粒被截留下来形成滤饼层,从而实现固、液分离。过滤操作的实质是流体通过固体颗粒层的流动。由于固体颗粒层(滤饼层)的厚度随着过滤的进行不断增加,因此在恒压过滤操作中,过滤速率不断降低。

过滤速率 u 定义为单位时间、单位过滤面积内通过过滤介质的滤液量。影响过滤速率的主要因素除过滤推动力(压力差)Δp、滤饼厚度 L 外,还有滤饼和悬浮液的性质、悬浮液温度、过滤介质的阻力等。

滤液流过滤饼和过滤介质的流动一般处在层流流动范围内,因此,可利用流体通过固定床压降的简化模型,建立滤液体积与过滤时间的关系,得到过滤速率计算式:

$$u = \frac{dV}{A d\tau} = \frac{dq}{d\tau} = \frac{A\Delta p^{(1-s)}}{\mu r C(V+V_e)} = \frac{A\Delta p^{(1-s)}}{\mu r' C'(V+V_e)} \tag{10-1}$$

式中,u 为过滤速率,m^2/s;V 为通过过滤介质的滤液量,m^3;A 为过滤面积,m^2;τ 为过滤时间,s;q 为通过单位面积过滤介质的滤液量,m^3/m^2;Δp 为过滤压力(表压),Pa;s 为滤饼压缩性指数(滤饼在外力作用下被压缩变形,孔隙率发生变化);μ 为滤液的黏度,$Pa \cdot s$;r 为滤饼比阻(单位面积上单位体积滤饼的阻力),m^{-2};C 为单位滤液体积所对应的滤饼体积,m^3/m^3;V_e 为过滤介质的当量滤液体积,m^3;r' 为滤饼比阻(单位面积上单位质量干滤饼的阻力），m/kg；C' 为单位滤液体积的滤饼质量，kg/m^3。

对于某悬浮液，在恒温、恒压下过滤时，μ、r、C 和 Δp 都恒定，令：

$$K = \frac{2\Delta p^{(1-s)}}{\mu r C} \tag{10-2}$$

于是式（10-1）可改写为：

$$\frac{dV}{d\tau} = \frac{KA^2}{2(V+V_e)} \tag{10-3}$$

式中，K 为过滤常数，由物料特性及过滤压差所决定，m^2/s。

将式（10-3）分离变量积分，整理得：

$$\int_{V_e}^{V+V_e}(V+V_e)d(V+V_e) = \frac{1}{2}KA^2\int_0^\tau d\tau \tag{10-4}$$

即

$$V^2 + 2VV_e = KA^2\tau \tag{10-5}$$

将式（10-4）的积分极限改为从 0 到 V_e 和从 0 到 τ_e 积分，则：

$$V_e^2 = KA^2\tau_e \tag{10-6}$$

将式（10-5）和式（10-6）相加，可得：

$$(V+V_e)^2 = KA^2(\tau+\tau_e) \tag{10-7}$$

式中，τ_e 为虚拟过滤时间，相当于滤出滤液量 V_e 所需时间，s。

再将式（10-7）微分，得：

$$2(V+V_e)dV = KA^2 d\tau \tag{10-8}$$

将式（10-8）写成差分形式，则：

$$\frac{\Delta\tau}{\Delta q} = \frac{2}{K}\bar{q} + \frac{2}{K}q_e \tag{10-9}$$

式中，Δq 为每次测定的单位过滤面积滤液体积（在实验中一般等量分配），m^3/m^2；$\Delta\tau$ 为每次测定的滤液体积 Δq 所对应的时间，s；$\bar{q}$ 为相邻两个 q 值的平均值，m^3/m^2。q_e 为过滤介质的单位过滤面积上滤饼厚度达到某一特定值时所需的滤液体积，m^3/m^2。

以 $\Delta\tau/\Delta q$ 为纵坐标、$\bar{q}$ 为横坐标将式（10-9）标绘成一直线，可得该直线的斜率和截距，斜率为 $S=\frac{2}{K}$，截距为 $I=\frac{2}{K}q_e$，则 $K=\frac{2}{S}$，m^2/s；$q_e=\frac{KI}{2}=\frac{I}{S}$，$m^3/m^2$；$\tau_e=\frac{q_e^2}{K}=\frac{I^2}{KS^2}$，s。

改变过滤压差 Δp，可测得不同的 K 值，由 K 的定义式（10-2）两边取对数得：

$$\lg K = (1-s)\lg(\Delta p) + B \tag{10-10}$$

在实验压差范围内，若 B 为常数，则 $\lg K$-$\lg(\Delta p)$ 的关系在直角坐标上应是一条直线，斜率为 $(1-s)$，可求得滤饼压缩性指数 s。

三、仪器与试剂

本实验装置由空气压缩机、配料罐、板框过滤机等组成，其流程示意如图 10-1 所示。配料罐内配制的一定浓度的 $CaCO_3$ 悬浮液利用压差送入压力罐中，用压缩空气加以搅拌使 $CaCO_3$ 不致沉降，同时利用压缩空气的压力将滤浆送入板框压滤机过滤，滤液流入量筒计量，压缩空气从压力料槽上排空管中排出。

板框压滤机的尺寸：框厚度 20mm，每个框过滤面积 $0.0177m^2$，框数 2 个。
空气压缩机规格型号：风量 $0.06m^3/min$，最大气压 0.8MPa。
$CaCO_3$ 10%～30%（质量分数）的水悬浮液。

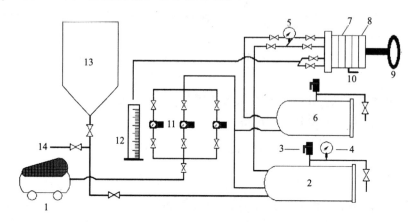

图 10-1　板框压滤机过滤流程
（此装置图参照浙江中控科教仪器设备有限公司的板框过滤实验仪绘制）
1—空气压缩机；2—压力罐；3—安全阀；4，5—压力表；6—清水罐；7—滤框；
8—滤板；9—手轮；10—通孔切换阀；11—调压阀；12—量筒；13—配料罐；14—地沟

四、实验步骤

1. 实验准备

（1）配料　在配料罐内配制含 $CaCO_3$ 10%～30%（质量分数）的水悬浮液，$CaCO_3$ 先由天平称重，水位高度按标尺示意，筒身直径 35mm。配料时需关闭配料罐底部进压力罐的阀门。

（2）搅拌　开启空气压缩机，将压缩空气通入配料罐（空气压缩机的出口小球阀保持半开，进入配料罐的两个阀门保持适当开度），使 $CaCO_3$ 悬浮液搅拌均匀。搅拌时，应将配料罐的顶盖合上。

（3）设定压力　分别打开进压力罐的三路阀门，空压机过来的压缩空气经各定值调节阀分别设定为 0.1MPa、0.2MPa 和 0.25MPa（出厂已设定，实验时不需要再调压。若欲做 0.25MPa 以上压力过滤，需调节压力罐安全阀）。设定定值调节阀时，压力罐泄压阀可略开。

（4）装板框　正确装好滤板、滤布、滤垫及滤框。滤布使用前用水浸湿，滤布要绷紧，不能起皱并紧贴滤板。密封垫贴紧滤布，同时注意滤板、滤框的方向。

（5）灌清水　向清水罐通入自来水，液面达视镜 2/3 高度左右。灌清水时，应将安全阀处的泄压阀打开。

（6）灌料　在压力罐泄压阀打开的情况下，打开配料罐和压力罐间的进料阀门，使料浆自动由配料罐流入压力罐，至其视镜 1/2～2/3 处，关闭进料阀门。

2. 过滤过程

（1）鼓泡　将压缩空气通至压力罐，使容器内料浆不断搅拌。压力罐的排气阀应不断排气，但又不能喷浆。

(2) 过滤　将中间双面板下通孔切换阀开到通孔通路状态。打开进板框前料液进口的两个阀门，打开出板框后清液出口球阀。此时，压力表指示过滤压力，清液出口流出滤液。

每次实验应在滤液从汇集管刚流出的时候作为开始时刻，每次 ΔV 取 800mL 左右。记录相应的过滤时间 $\Delta \tau$。每个压力下，测量 8～10 个读数即可停止实验。若欲得到干而厚的滤饼，则应每个压力下做到没有清液流出为止。量筒交换接滤液时不要流失滤液，至量筒内滤液静止后读出 ΔV 值（注意：ΔV 约 800mL 时替换量筒，这时量筒内滤液量并非正好 800mL）。

(3) 卸料　先打开泄压阀使压力罐泄压。卸下滤框、滤板、滤布进行清洗，清洗时滤布不要折。每次滤液及滤饼均收集在小桶内，滤饼弄碎后重新倒入料浆桶内搅拌配料，进入下一个压力实验。

3. 清洗过程

(1) 关闭板框过滤的进出阀门　将中间双面板下通孔切换阀开到通孔关闭状态（阀门手柄与滤板平行为过滤状态，垂直为清洗状态）。

(2) 打开清洗液进入板框的进出阀门（板框前两个进口阀，板框后一个出口阀）　此时，压力表指示清洗压力，清液出口流出清洗液。清洗液速度比同压力下过滤速率小。

(3) 清洗液流动约 1min，可观察混浊度变化判断结束。一般物料可不进行清洗过程。清洗过程结束，关闭清洗液进出板框的阀门，关闭定值调节阀后进气阀门。

4. 结束实验

(1) 先关闭空气压缩机出口球阀，关闭空气压缩机电源。

(2) 打开安全阀处泄压阀，使压力罐和清水罐泄压。

(3) 卸下滤框、滤板、滤布进行清洗，清洗时滤布不要折。

(4) 将压力罐内物料反压到配料罐内备下次使用，或将该配料罐、压力罐内物料直接排空后用清水冲洗。

五、数据处理

1. 实验数据记录（参考表 10-1）

表 10-1　数据记录表

实验次数		1	2	3	4	5	6	7
p_1	ΔV/mL							
	$\Delta \tau$/min							
p_2	ΔV/mL							
	$\Delta \tau$/min							
p_3	ΔV/mL							
	$\Delta \tau$/min							

2. 实验数据处理

① 在直角坐标系中绘制 $\Delta \tau/\Delta q$-$\bar{q}$ 的关系曲线，从图中读斜率求得不同压力下的 K 值，求过滤常数 q_e、τ_e。

② 将不同压力下测得的 K 值作 $\lg K$-$\lg(\Delta P)$ 曲线，拟合得直线方程，根据斜率为 $(1-s)$ 计算滤饼压缩性指数。

六、思考题

1. 为什么过滤开始时，滤液常常有点浑浊，而过段时间后才变清？
2. 影响过滤速率的主要因素有哪些？
3. 深入理解热力学第二定律在过滤中的应用，认识科学的魅力。本实验中为了实现液-固非均相物系的分离，要求液-固非均相物系有哪种物理性质的差异？需要消耗哪种形式的能量？

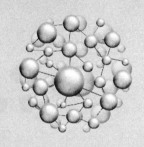

实验 11

中空纤维超滤膜分离能力的测定

一、实验目的

1. 掌握超滤膜的分离原理。
2. 掌握超滤膜分离能力的评价指标。
3. 掌握影响超滤膜分离能力的主要因素。
4. 熟练掌握分光光度计在定量分析中的应用。

二、实验原理

膜分离技术是 21 世纪绿色、节能的高科技产业技术。由于其独特的高效性、节能性、无污染、过程简单等特点，因而在石油化工、生物化学制药、医疗卫生、冶金、电子、能源、食品、环保等领域得到了广泛应用。

以压力差为推动力的液相膜分离方法有反渗透、纳滤、超滤和微滤等方法。超滤技术是介于微滤和纳滤之间的一种膜分离技术。超滤是指溶剂小分子与分子量在 500 以上的溶质大分子借助于超滤膜进行的分离过程。超滤膜是对不同分子量的物质进行选择性透过的膜材料，通常是用乙酸纤维素类、聚乙烯类、聚砜类、聚酰胺类等制成的多孔物质，其分子量介于 5000~200000 之间，孔径介于 0.001~0.03μm 之间。超滤膜性能参数为截留分子量。将一定孔径范围（即截留分子量）的超滤膜置于溶剂小分子和溶质大分子组成的溶液中，例如聚乙二醇的水溶液，以膜两侧的压力差为推动力，水分子可以透过超滤膜的孔转移到膜的另一侧，而聚乙二醇大分子则被截留下来（如图 11-1 所示）。因此，膜两侧溶液的浓度发生了相对变化，溶质和溶剂得到了一定程度的分离。

图 11-2 是由超滤膜材料卷成的管，制成类似于列管式换热器的中空纤维超滤膜组件。料液在超滤膜管的外侧流动，超滤液被收集到管内，在超滤膜管的外侧得到浓缩液。

超滤膜分离能力的评价参数为对某一分子量溶质的脱除率。分别测定过滤前原料液中溶质浓度 c_0、过滤后滤出液中溶质浓度 c_1，按式（11-1）计算超滤膜对溶质的脱除率 Ru。Ru 越大，表示超滤组件分离效果越好。

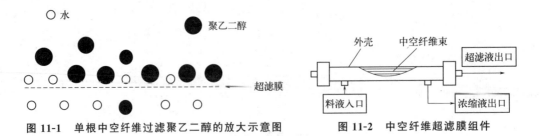

图 11-1 单根中空纤维过滤聚乙二醇的放大示意图　　图 11-2 中空纤维超滤膜组件

$$Ru = \frac{c_0 - c_1}{c_0} \times 100\% \tag{11-1}$$

式中，c_0 为过滤前溶液中大分子溶质的浓度；c_1 为过滤后滤出液中大分子溶质的浓度。

影响膜的分离能力的主要因素可以总结为三个方面：膜的物理与化学特性（包括膜的截留分子量、膜表面的化学性质）、被分离的溶液的组成及溶质分子量大小、分离过程的操作条件（原料液流量、膜两侧压力差）。

三、仪器与试剂

中空纤维超滤膜分离实验装置图、流程图分别如图 11-3、图 11-4 所示。实验装置中所涉及阀门名称见表 11-1。以分子量为 6000 的聚乙二醇水溶液的分离为例。首先，原料液由泵从原料液储槽 1 送出，依次流经预过滤器（PP 棉）、活性炭过滤器，过滤除去料液中的不溶性杂质。然后，粗滤液从膜分离器下部进入截留分子量为 6000 的聚砜膜组件，将原料液分离为：①滤出液——透过膜的稀溶液（除取样以外，其它全部流入储槽 2）；②浓缩液——未透过膜的溶液（浓缩液收集至储槽 2）。实验完成后，将储槽 2 中重新混合的滤出液与浓缩液返回原料液储槽 1。

图 11-3 中空纤维超滤膜分离实验装置图

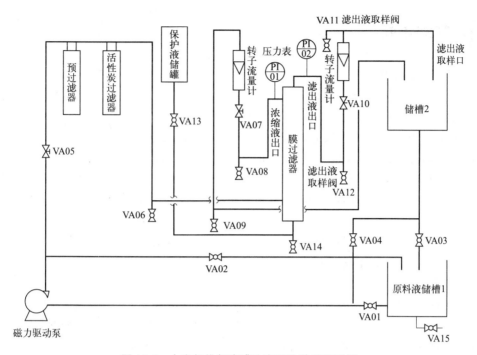

图 11-4 中空纤维超滤膜分离实验装置流程图
(此装置图参照莱帕克(北京)科技有限公司超滤膜分离实验装置绘制)

1. 设备参数

膜材料:聚砜,截留分子量 6000,膜面积约为 $2m^2$。操作压力≤0.12MPa;正洗压力≤0.12MPa;使用温度,5~45℃;pH 范围,2~13;颗粒粒径:<$5\mu m$。

转子流量计:浓缩液 0.5~4L/min;滤出液 10~100L/h。

磁力驱动泵:扬程 12m,流量 50L/min。

2. 试剂

聚乙二醇,分子量 6000;碘、碘化钾、硼酸、亚硫酸氢钠均为分析纯试剂。

各种规格棕色容量瓶;移液管、各种规格吸量管;烧杯、量筒。

分光光度计一台。

表 11-1 阀门编号对照表

序号	编号	名称	序号	编号	名称
1	VA01	原料液储槽1出口阀	9	VA09	放净阀
2	VA02	旁路阀	10	VA10	滤出液流量调节阀
3	VA03	返料阀	11	VA11	滤出液取样阀
4	VA04	旁路阀	12	VA12	放净阀(滤出液取样阀)
5	VA05	管路流量调节阀	13	VA13	保护液流量调节阀
6	VA06	原料液取样阀	14	VA14	放净阀
7	VA07	浓缩液流量调节阀	15	VA15	放净阀
8	VA08	放净阀(浓缩液取样阀)			

四、实验步骤

1. 实验前准备工作

(1) 建立聚乙二醇水溶液工作曲线

① 配制 0.05mol/L 碘液、0.5mol/L 硼酸溶液、0.1g/L 聚乙二醇储备液（标准溶液）。

② 分别移取 0.1g/L 的聚乙二醇标准溶液 0.20mL、0.40mL、0.60mL、0.80mL、1.00mL，转移至 10mL 容量瓶中。各加入 0.5mol/L 硼酸 1.50mL、0.05mol/L 碘液 0.20mL。用去离子水稀释至刻度，摇匀。放置 8min，转移至烧杯内搅拌 2min；在 520nm 下测定显色液的吸光度。以溶液的吸光度为纵坐标，聚乙二醇的质量浓度为横坐标，绘制工作曲线。

(2) 原料液配制 向原料液储槽 1 内加入配制的浓度为 30~70mg/L 的聚乙二醇水溶液，液位控制在 2/3~3/4 范围内。

2. 实验操作

(1) 泵的启动与料液混合 打开原料液储槽 1 出口阀门（VA01）、旁路阀门（VA02），在其它阀门关闭的情况下，启动泵。在循环流动中使原料液储槽中的溶液充分混合 3~5min。

(2) 超滤分离实验（以改变滤出液流量与对应的压强为例）

① 依次打开管路流量调节阀（VA05，全开）、浓缩液流量调节阀（VA07）、滤出液流量调节阀（VA10），关闭旁路阀门（VA02）。调节浓缩液流量调节阀（VA07）的开度，使浓缩液流量保持在 2.0L/min 不变，浓缩液出口压强不低于 0.1MPa（1.0kgf/cm²）（PI/01 的示数）。

② 保持管路流量调节阀（VA05）全开、浓缩液流量调节阀（VA07）开度不变，通过调节滤出液流量调节阀（VA10）的开度，调节、控制滤出液流量。所有参数均稳定后，打开滤出液取样阀（VA12），或者从滤出液管路末端，用烧杯接取滤出液，参照 1 中建立方法，利用碘液-硼酸法显色，测定吸光度，并记录各显示仪表参数。

③ 在滤出液流量最大范围内分配 3~4 个数据点。改变滤出液流量，重复②中测定。

(3) 返料 分离实验完毕，打开返料阀门（VA03），将储槽 2 中重新混合的滤出液和浓缩液返回原料液储槽 1。关闭返料阀门（VA03）。

(4) 物理清洗 分离实验完成后，用清水清洗膜组件 20~30min，将膜上吸附物质洗出。

(5) 关泵 打开旁路阀门（VA02），关闭其它阀门，先停泵，再关闭旁路阀门（VA02）。

3. 膜分离器的后处理

在分离实验中膜表面会被污染。实验完成后，需对其进行清理（清洗周期越短，膜性能恢复越好，使用寿命越长）。清洗方式主要分为物理清洗和化学清洗。

物理清洗：用清水以一定流速通过纤维外表面，将污染物洗出，时间 20~30min。

化学清洗：用 0.5%~1% 的氢氧化钠水溶液在膜纤维外表面循环，或浸泡 20~60min。若处理液中含有蛋白质，可用 0.5%~1% 碱性蛋白酶、胃蛋白酶进行浸泡清洗。

4. 注意事项

(1) 在打开膜组件进料开关时，确保膜组件的浓缩液侧与滤出液侧的阀门处于打开状态；即使在调节进膜压强时，浓缩液侧阀门也不能全关。

（2）调节进膜压力时要缓慢，防止压力瞬间增大，对膜组件造成伤害。

（3）注意严格控制显色时间。

（4）为了防止中空纤维膜组件被微生物侵蚀而损伤，如果长时间（一周以上）不使用时应加入保护液（用超滤水配制的1‰亚硫酸氢钠溶液。需避光保存，每隔3个月更换一次保护液）。可利用保护液储罐的位能为膜组件加保护液。

五、数据处理

1. 实验数据记录

原料液吸光度 $A_0=$　　　　　；原料液浓度 $c_0=$

实验序号	操作压力/MPa		浓缩液流量 /(L/min)	滤出液流量 /(L/h)	滤出液吸光度 A_1	滤出液浓度 c_1
	浓缩液侧 p_1	滤出液侧 p_2				
1						
2						
3						
4						

2. 实验数据处理

根据工作曲线计算原料液以及各滤出液浓度，计算脱除率 Ru。

3. 分析滤出液流量及压强对脱除率的影响。

六、思考题

1. 影响膜分离的主要因素是什么？
2. 超滤膜的分离能力评价指标有哪些？
3. 滤出液流量及压力对聚乙二醇脱除率的影响如何？为什么？
4. 深入理解热力学第二定律在超滤中的应用，认识科学的魅力。本实验中为了实现不同分子量（分子截面积）液体混合物的分离，需要什么介质？要消耗哪种形式的能量？
5. 理论联系实际，试分析在原料液的流动与分离过程中，机械能是如何转化并遵循守恒定律的？
6. 实验中产生的废液，为达到废液的"零排放"，采用什么处理方法？

实验 12

液-液转盘萃取分离能力的测定

一、实验目的

1. 了解转盘萃取塔的基本结构、操作方法及萃取的工艺流程。
2. 观察转盘转速变化时,萃取塔内部轻、重两相流动状况。
3. 了解萃取操作主要影响因素,研究萃取操作条件对萃取过程的影响。
4. 掌握每米萃取高度的传质单元数 N_{OR}、传质单元高度 H_{OR} 和萃取率 η 的实验测定法。

二、基本原理

萃取是利用混合物中各个组分在外加溶剂中溶解度的差异而实现组分分离提纯的化工单元操作。完成萃取的常见设备包括混合-澄清器、填料萃取塔、筛板萃取塔、转盘萃取塔、离心萃取器。使用转盘萃取塔进行液-液萃取操作时,轻相液体从塔底进入,重相液体从塔顶进入,两种液体在塔内作逆流流动,其中一相液体作为分散相,以液滴形式通过另一种连续相液体,两种液相的浓度则在设备内作微分式的连续变化,并依靠密度差在塔的两端实现两液相间的分离。当轻相作为分散相时,相界面出现在塔的上端;反之,当重相作为分散相时,则相界面出现在塔的下端。本实验采用水-煤油-苯甲酸体系,以水为萃取剂,从煤油中萃取分离溶质苯甲酸。水相为萃取相(用 E 表示),又称为连续相或者重相。煤油为萃余相(用 R 表示),又称为轻相或者分散相。

1. 传质单元法计算塔高

计算微分逆流萃取塔的塔高时,可采用传质单元法,即以传质单元数和传质单元高度来表征。传质单元数表示过程分离要求以及难易程度;传质单元高度则反映了设备结构、物性因素及流动条件对传质的影响,表示设备传质性能的好坏。

$$H = H_{OR} N_{OR} \tag{12-1}$$

式中,H 为萃取塔的有效接触高度,m;H_{OR} 为以萃余相为基准的传质单元高度,m;N_{OR} 为以萃余相为基准的传质单元数,无量纲。

按定义，N_{OR} 计算式为：

$$N_{OR} = \int_{X_R}^{X_F} \frac{dX}{X - X^*} \tag{12-2}$$

式中，X_F 为原料液的组成，表示原料液中苯甲酸的质量与煤油的质量之比，kg/kg；X_R 为萃余相的组成，表示萃余相中苯甲酸的质量与煤油的质量之比，kg/kg；X 为塔内某截面处萃余相的组成，kg/kg；X^* 为塔内某截面处与萃取相平衡时的萃余相组成，kg/kg。

当萃余相浓度较低时，平衡曲线可近似为过原点的直线，操作线也简化为直线处理，如图 12-1 所示。

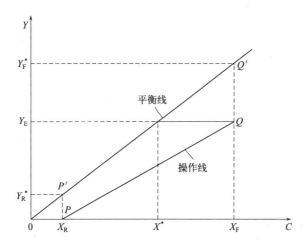

图 12-1 萃取平均推动力计算示意图

则由式 (12-2) 积分得：

$$N_{OR} = \frac{X_F - X_R}{\Delta X_m} \tag{12-3}$$

式中，ΔX_m 为传质过程的平均推动力，在操作线、平衡线作直线近似的条件下为：

$$\Delta X_m = \frac{(X_F - X^*) - (X_R - 0)}{\ln \frac{(X_F - X^*)}{(X_R - 0)}} = \frac{(X_F - Y_E/k) - X_R}{\ln \frac{(X_F - Y_E/k)}{X_R}} \tag{12-4}$$

式中，k 为分配系数，对于本实验的煤油苯甲酸相-水相，$k = 2.26$；Y_E 为萃取相的组成，kg/kg。对于 X_F、X_R 和 Y_E，分别在实验中通过取样滴定分析而得，Y_E 也可通过如下的物料衡算而得：

$$\begin{aligned} F + S &= E + R \\ F \cdot X_F + S \cdot 0 &= E \cdot Y_E + R \cdot X_R \end{aligned} \tag{12-5}$$

式中，F 为原料液流量，kg/h；S 为萃取剂流量，kg/h；E 为萃取相流量，kg/h；R 为萃余相流量，kg/h。

对稀溶液的萃取过程，因为 $F = R$、$S = E$，所以有：

$$Y_E = \frac{F}{S}(X_F - X_R) \tag{12-6}$$

2. 萃取率的计算

萃取率 η 为被萃取剂萃取的组分 A 的量与原料液中组分 A 的量之比：

$$\eta = \frac{F \cdot X_F - R \cdot X_R}{F \cdot X_F} \tag{12-7}$$

对稀溶液的萃取过程，因为 $F=R$，所以有：

$$\eta = \frac{X_F - X_R}{X_F} \tag{12-8}$$

3. 组成测定

对于煤油苯甲酸相-水相体系，采用酸碱中和滴定的方法测定进料液组成 X_F、萃余液组成 X_R 和萃取液组成 Y_E，即苯甲酸的比质量分数，具体步骤如下。

（1）用移液管量取待测样品 25.00mL，加 1~2 滴溴百里酚蓝指示剂。

（2）用 KOH-CH$_3$OH 溶液滴定至终点，则所测浓度为：

$$X = \frac{N \Delta V \times 0.122}{25 \times 0.8 \times 1000} \tag{12-9}$$

式中，N 为 KOH-CH$_3$OH 溶液的物质的量浓度，mol/L；ΔV 为滴定用去的 KOH-CH$_3$OH 溶液体积，mL；苯甲酸的分子量为 122g/mol，煤油密度为 0.8g/mL，样品量为 25.00mL。

（3）萃取相组成 Y_E 也可按式（12-6）计算得到。

三、实验装置与流程

本实验可由如图 12-2 所示的实验装置完成。萃取塔内径为 60mm，塔高 1.2m，传质区域高 750mm。

本装置操作时应先在塔内灌满连续相——水，然后加入分散相——煤油（含有饱和苯甲酸），待分散相在塔顶凝聚一定厚度的液层后，通过连续相的Ⅱ管闸阀调节两相的界面于一定高度，对于本装置采用的实验物料体系，凝聚是在塔的上端中进行（塔的下端也设有凝聚段）。本装置外加能量的输入，可通过直流调速器来调节中心轴的转速。

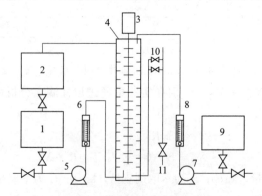

图 12-2 转盘萃取实验装置
（此装置图参照浙江中控科教仪器设备有限公司的液液萃取实验装置绘制）
1—轻相槽；2—萃余相槽（回收槽）；3—电机搅拌系统；4—萃取塔；
5—轻相泵；6—轻相流量计；7—重相泵；8—重相流量计；9—重相槽；
10—Ⅱ管闸阀；11—萃取相出口

四、实验步骤

1. 实验前的准备工作

（1）将煤油配制成含苯甲酸的混合物（配制成饱和或近饱和），然后灌入轻相槽内。注意：勿直接在槽内配制饱和溶液，防止固体颗粒堵塞煤油输送泵的入口。轻相槽与萃余相槽之间管路阀门处于关闭状态。

（2）接通水管，将水灌入重相槽内，在实验运行中进水阀门应处于开启状态。

2. 实验操作

（1）依次打开仪器总开关、轻相泵开关、重相泵开关。

（2）在实验要求的范围内调节水流量（参考流量范围 10～20L/h）。

（3）打开电机转速开关，调节转速（参考 300～600r/min）。

（4）水在萃取塔内搅拌流动，连续运行 5min 后，开启煤油管路，调节煤油流量（参考流量范围 10～20L/h）。注意：在进行数据计算时，对煤油转子流量计测得的数据要校正，即煤油的实际流量应为 $V_{校} = \sqrt{\dfrac{1000}{800}} V_{测}$，其中 $V_{测}$ 为煤油流量计上的显示值。

（5）运转约 5min 后，待分散相在塔顶凝聚一定厚度的液层后，通过调节连续相出口管路中 Π 形管上的两个阀门开度来调节两相界面高度。待两相界面恒定约 5min 后，分别取原料液、萃取液、萃余液。

（6）样品分析。采用酸碱中和滴定方法测定进料液组成 X_F、萃余液组成 X_R 和萃取液组成 Y_E，即苯甲酸的比质量分数，具体步骤如下：

① 用移液管量取待测样品 25.00mL，加 1～2 滴溴百里酚蓝指示剂。

② 用 KOH-CH$_3$OH 溶液滴定至终点，则比质量分数为：

$$X = \frac{N \Delta V \times 0.122}{25 \times 0.8 \times 1000}$$

式中，N 为 KOH-CH$_3$OH 溶液的物质的量浓度，实验参考值为 0.01mol/L；ΔV 为滴定用去的 KOH-CH$_3$OH 溶液体积量，mL；苯甲酸的分子量为 122g/mol，煤油密度为 0.8g/mL，样品量为 25.00mL。

③ 萃取相组成 Y_E 也可按式（12-6）计算得到。

（7）计算 η 或 H_{OR}，判断外加能量对萃取过程的影响。

（8）改变转速，重复（4）～（7）步骤，考察转速对萃取率 η 或 H_{OR} 的影响。

（9）结束程序。依次关闭水与煤油流量计、轻相泵与重相泵开关；搅拌转速回零，关闭仪器总开关；关闭进水阀门；打开轻相槽与萃余相槽之间管路阀门，将萃余相返回轻相槽。

五、数据处理

1. 实验数据记录（参考表 12-1）

KOH 的物质的量浓度 $N_{KOH}=$ _____ mol/L

表 12-1　数据记录表 1

编号	重相流量 q_V/(L/h)	轻相流量 q_V/(L/h)	转速 n/(r/min)	ΔV_F /mL(KOH)	ΔV_R /mL(KOH)	ΔV_S /mL(KOH)
1						
2						
3						

2. 数据处理结果（参考表 12-2）

表 12-2　数据记录表 2

编号	转速 n	萃余相浓度 X_R	萃取相浓度 Y_E	平均推动力 ΔX_m	传质单元高度 H_{OR}	传质单元数 N_{OR}	萃取率 η
1							
2							
3							

六、思考题

1. 分析比较萃取实验装置与吸收、精馏实验装置的异同点。
2. 从实验结果分析转盘转速变化对萃取传质系数与萃取率的影响。
3. 采用中和滴定法测定原料液、萃取相、萃余相的组成时，标准碱为什么选用 KOH-CH_3OH 溶液，而不选用 KOH-H_2O 溶液？
4. 深入理解热力学第二定律在萃取中的应用，认识科学的魅力。本实验中为了实现液体混合物的分离，要求液体混合物中各组分有哪种物理性质的差异？需要消耗哪种形式的能量？

第二部分

化工单元操作实验
——研究设计实验

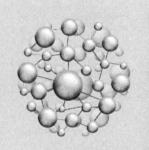

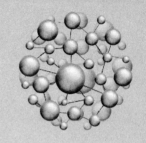

实验 13

连续精馏填料性能的评比

一、实验目的

1. 掌握连续精馏中填料塔分离能力的影响因素与评价方法。
2. 在一定实验条件下,对比 θ 形不锈钢压延孔环填料、瓷拉西环填料、玻璃弹簧填料、金属丝网 θ 环填料的分离能力。
3. 培养设计、组织、安排实验的能力。

二、实验原理

精馏塔分为填料塔和板式塔两大类。实验室的精密蒸馏多采用填料塔。填料的型式、规格以及填充方法等都对分离能力及效率有很大影响。填料塔的分离能力常以 1m 高的填料层内所相当的理论塔板数(也叫理论级数)来表示,或者以相当于一块理论塔板的填料层高度,即等板高度(HETP)来表示。根据分离要求以及填料的等板高度可以确定整个填料层高度。

影响分离的因素分为三个方面:物性因素(如物系及其组成,汽液两相的各种物理性质)、设备结构因素(如塔径与塔高,填料的形式、规格和填充方法等)、操作因素(如上升蒸汽速度、回流液体速度、进料状况和回流比等)。

评价精馏柱和填料性能的方法,通常在全回流下测定一定高度的填料层相当的理论塔板数。在全回流操作下,达到给定分离目标所需理论塔板数最少,即设备分离能力达到最大,对填料的分离能力有放大作用,同时全回流操作简便,易于实现。

在全回流操作下,达到给定分离目标所需理论塔板数一般采用解析计算法,称之为芬斯克(Fenske)方程:

$$N_{T,0} = \frac{\ln\left[\left(\dfrac{x_d}{1-x_d}\right)\left(\dfrac{1-x_W}{x_W}\right)\right]}{\ln\alpha_m} - 1 \tag{13-1}$$

$$\alpha_m = \sqrt{\alpha_d \alpha_w} \tag{13-2}$$

式中,x_d、x_W 分别为塔顶馏出液中轻组分组成和塔釜釜残液中轻组分组成,均为摩尔分数；α_d、α_w、α_m 分别为塔顶温度、塔釜温度下相对挥发度及塔顶塔釜的平均相对挥发度；$N_{T,0}$ 为全回流操作下达到给定分离目标所需理论塔板数，或者一定填料高度下精馏设备相当的理论塔板数，块。

填料层的等板高度（理论塔板当量高度）HETP（简写为 $h_{e,0}$）为：

$$h_{e,0} = \frac{h}{N_{T,0}} \tag{13-3}$$

式中，h 为填料层的总高度，mm。

本实验为综合设计性试验，拟采用一定初始组成的乙醇-正丙醇二元混合液，在全回流操作条件下，评比 θ 形不锈钢压延孔环填料、瓷拉西环填料、玻璃弹簧填料、金属丝网 θ 环填料四种填料的分离能力。

预习要点：精馏原理、影响填料塔分离能力的因素、分离能评价方法及参数；阿贝折射仪的使用。

三、仪器与试剂

仪器：θ 形不锈钢压延孔环填料精馏装置、瓷拉西环填料精馏装置、玻璃弹簧填料精馏装置、金属丝网 θ 环填料精馏装置，阿贝折射仪。

实验装置由连续填料精馏柱和精馏塔控制仪两部分组成，实验装置流程及其控制线路如图 13-1 所示。连续填料精馏装置由精馏柱、分馏头（全凝器）、蒸馏釜、原料液高位瓶、原

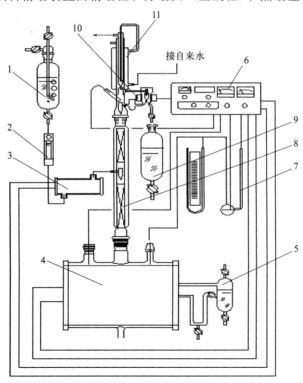

图 13-1　填料塔连续精馏装置
（此装置图参照新华教仪连续精馏装置绘制）
1—原料液高位瓶；2—转子流量计；3—原料液预热器；4—蒸馏釜；5—塔底产品收集器；6—控制仪；
7—单管压差计；8—填料精馏柱；9—塔顶产品收集器；10—回流比控制器；11—分馏头（全凝器）

料液预热器、回流比控制器、单管压差计、塔顶和塔釜温度测量与显示系统、塔顶产品收集器、塔底产品收集器等部分组成。填料型号有θ形不锈钢压延孔环填料、瓷拉西环填料、玻璃弹簧填料、金属丝网θ环填料四种,填充方式均为乱堆。精馏塔控制仪由四部分组成。通过调节再沸器的加热功率用以控制蒸发量和蒸汽速度,回流比控制器用以调节控制回流比;温度数字显示仪通过选择开关测量各点温度(包括柱顶蒸汽、入塔料液、回流液和釜残液的温度);预热器温度调节器调节进料温度。

柱顶冷凝器用水冷却,冷却水流量恒定。

试剂:无水乙醇,正丙醇。

四、实验步骤

1. 实验操作

实验中可采用无水乙醇和正丙醇物系(体积比1∶3),根据给定实验装置比较一定高度的θ形不锈钢压延孔环填料、瓷拉西环填料、玻璃弹簧填料、金属丝网θ环填料四种填料的分离能力。

可根据实验目的、内容,参照连续填料精馏柱分离能力测定实验进行。

2. 注意事项

(1) 在采集分析试样前,一定要有足够的稳定时间。只有当观察到各点温度和压差恒定后,才能取样分析,并以分析数据恒定为准。

(2) 为保证上升蒸汽全部冷凝,冷却水的流量要控制适当,并维持恒定。

(3) 预液泛不要过于猛烈,以免影响填料层的填充密度,更须切忌将填料冲出塔体。

(4) 再沸器液位始终要保持在加热器以上,以防设备烧裂。

(5) 实验完毕后,应先关掉加热电源,待物料冷却后,再停冷却水。

五、数据处理

1. 根据测定结果,科学设计表格记录实验原始数据。
2. 参照连续填料精馏柱分离能力测定实验进行数据处理。

六、思考题

1. 为评价不同填料的分离能力,实验中应测定哪些参数?这些参数的控制有何特点?
2. 如何评价实验中不同填料的分离性能?
3. 通过本实验,你是否认识到了团队力量,体会到了团队合作的重要性。你喜欢这样的研究设计实验吗?

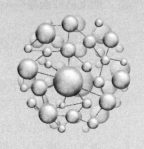

实验 14

流态化曲线与流化床干燥速率曲线测定

一、预习要点

1. 改变气体流速过程中，固体颗粒床层会呈现哪些不同的状态？流化床的特点有哪些？空气通过固定床和流化床时，压力降变化有何不同？流化床有何特点？
2. 流态化曲线的测定方法有哪些？什么是临界流化速度？其获得方法有哪些？
3. 什么是恒定条件下干燥？什么是干燥速率、干燥速率曲线？
4. 与质量分数形式相比，物料湿分含量的干基含水率有什么优点？测量方法有哪些？
5. 干燥过程可以划分为几个阶段？恒速干燥、降速干燥的机理有何不同？临界湿含量的获取方法有哪些？
6. 流态化干燥的特点有哪些？如何确定流态化干燥实验中所用空气流量？
7. 空气预热的目的是什么？

二、实验目的

1. 掌握流化床干燥装置的基本结构、工艺流程和操作方法。
2. 了解湿物料中湿含量的表示方法、测定方法。
3. 掌握根据流态化曲线求取临界流化速度，根据干燥曲线求取干燥速率曲线、恒速阶段干燥速率、临界湿含量、平衡湿含量的方法。

三、实验原理

在设计干燥器的尺寸、确定干燥器的生产能力时，被干燥物料在给定干燥条件下的干燥速率、临界湿含量、平衡湿含量等干燥特性数据是最基本的技术依据参数。对于被干燥物料，其干燥特性数据需要通过实验测定来取得。

按干燥过程中空气状态参数是否变化，可将干燥过程分为恒定干燥条件操作和非恒定干燥条件操作两大类。若用大量空气干燥少量物料，可以认为湿空气在干燥过程中温度、湿度均不变。同时，保证气流速度以及气流与物料的接触方式不变，这种操作称为恒定干燥条件下的干燥操作。

1. 流化床干燥

使空气以不同的流速自下而上流经一定高度及堆积密度的颗粒床层，当空气的表观速度（u_0，按床层截面计算）较小时，颗粒之间保持静止并互相接触，此时床层称为固定床（如图 14-1 所示）。当速度增大至临界流化速度（$u_{m,f}$）时，单位面积床层压降（Δp）等于颗粒的重力减去其所受浮力，颗粒开始悬浮于流体之中。进一步提高空气速度，床层随之膨胀，床层压力降基本保持不变（如图 14-2 所示），但是颗粒运动加剧。此时床层称为流化床。当表观速度大于颗粒的自由沉降速度时，颗粒被空气带走，床层由流化床阶段进入移动床阶段。由于在流态化状态下，固体颗粒可以悬浮于空气中，从而使每个颗粒具有与空气之间最大的传热、传质面积，并保证所有颗粒具有相同的传热推动力与传质推动力，因而流态化状态下的干燥可以提高产品质量、缩短干燥时间。

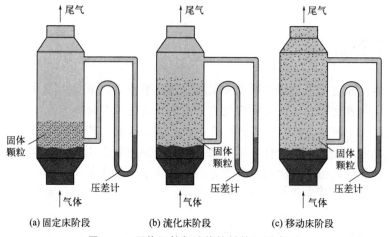

图 14-1　固体颗粒与流体接触的不同类型

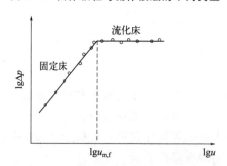

图 14-2　流体流经固定床和流化床时的压降

2. 干燥速率的定义

干燥速率定义为单位干燥面积（提供湿分汽化的面积）、单位时间内所除去的湿分质量，即：

$$U = \frac{dW}{A d\tau} = -\frac{G_C dX}{A d\tau} \tag{14-1}$$

式中，U 为干燥速率，又称干燥通量，$kg/(m^2 \cdot s)$；A 为干燥表面积，m^2；W 为汽化的湿分量，kg；τ 为干燥时间，s；G_C 为绝干物料的质量，kg；X 为物料的干基湿含量（定义为湿分质量与绝干物料的质量之比）kg/kg，负号表示 X 随干燥时间的增加而减少。

3. 干燥速率的测定方法

（1）方法一

① 开启电子天平，待用。

② 开启快速水分测定仪，待用。

③ 将一定质量的湿物料取出，并用干毛巾吸干表面水分，待用。

④ 开启风机，调节风量至一定流量（应保证湿物料颗粒处于流态化），打开加热器加热。待热风温度恒定后（通常可设定在 60～80℃），将湿物料加入流化床中，开始计时，每过 4min 取出 10g 左右的物料，同时读取床层温度。将取出的湿物料在快速水分测定仪中测定，得初始质量 m_i 和终了质量 m_{iC}（认定为绝干物料质量 m_C）。则物料中瞬间干基含水率 X_i 为：

$$X_i = \frac{m_i - m_{iC}}{m_{iC}} \tag{14-2}$$

（2）方法二　利用床层的压降来测定干燥过程的湿含量（数字化实验设备可用此法）。

① 将一定量湿物料取出，并用干毛巾吸干表面水分，待用。

② 开启风机，调节风量至一定流量（应保证湿物料颗粒处于流态化），打开加热器加热。待热风温度恒定后（通常可设定为 60～80℃），将湿物料加入流化床中，开始计时，此时床层的压差将随时间减小，实验至床层压差（Δp_e）恒定为止。则物料中瞬间干基含水率 X_i 为：

$$X_i = \frac{\Delta p - \Delta p_e}{\Delta p_e} \tag{14-3}$$

式中，Δp 为时刻 τ 时床层的压差。

计算出每一时刻的瞬间干基含水率 X_i，然后将 X_i 对干燥时间 τ_i 作图，如图 14-3 所示，即为干燥曲线。

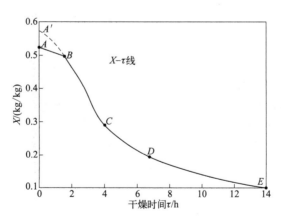

图 14-3　恒定干燥条件下的干燥曲线

根据干燥曲线，由已测得的干燥曲线求出不同 X_i 下的斜率 $\dfrac{dX_i}{d\tau_i}$，再由式（14-1）计算得到干燥速率 U，将 U 对 X 作图，得到干燥速率曲线，如图 14-4 所示。

将床层的温度对时间作图，可得床层的温度与干燥时间的关系曲线。

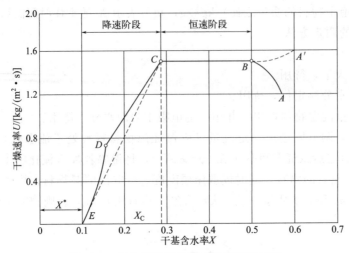

图 14-4　恒定干燥条件下的干燥速率曲线

4. 干燥过程分析（湿分以水分为例）

（1）预热段　如图 14-3、图 14-4 中的 AB 段或 $A'B$ 段所示。物料在预热段中，干基含水率略有下降，温度则升至湿球温度 T_W，干燥速率可能呈上升趋势变化，也可能呈下降趋势变化。预热段经历的时间很短，通常在干燥计算中忽略不计，有些干燥过程可能没有预热段。

（2）恒速干燥阶段　如图 14-3、图 14-4 中的 BC 段所示。该段物料水分不断汽化，干基含水率不断下降。但由于这一阶段去除的是物料表面附着的非结合水分，水分去除的机理与纯水的相同。在恒定干燥条件下，物料表面始终保持为湿球温度 T_W，传质推动力保持不变，因而干燥速率也不变，在图 14-4 中的 BC 段为水平线。

只要物料表面保持足够湿润，物料的干燥过程中总处于恒速阶段。而该段的干燥速率大小取决于物料表面水分的汽化速率，即取决于物料外部的空气干燥条件。因而，BC 阶段又称为表面汽化控制阶段。

（3）降速干燥阶段　随着干燥过程的进行，物料内部水分移动到表面的速度小于表面水分的汽化速度，物料表面局部出现"干区"，尽管这时物料其余表面的平衡蒸气压仍与纯水的饱和蒸气压相同，但以物料全部外表面计算的干燥速率因"干区"的出现而降低，此时物料中的含水率称为临界湿含量，用 X_C 表示，对应图 14-4 中的 C 点，称为临界点。过 C 点以后，干燥速率逐渐降低至 D 点，C 至 D 阶段称为第一降速阶段。

干燥到点 D 时，物料全部表面都成为"干区"，汽化面逐渐向物料内部移动，汽化所需的热量必须通过已被干燥的固体层才能传递到汽化面；从物料中汽化的水分也必须通过这一干燥层才能传递到空气主流中。干燥速率因热量、质量传递的途径加长而下降。此外，在点 D 以后，物料中的非结合水分已被除尽。接下去所汽化的是各种形式的结合水，因而，平衡蒸气压将逐渐下降，传质推动力减小，干燥速率也随之较快降低，直至到达点 E 时，速率降为零。这一阶段称为第二降速阶段。

降速阶段干燥速率曲线的形状随物料内部的结构而异，不一定都呈现图 14-4 中的 CDE 形状。对于多孔性物料，可能降速两个阶段的界限不太明显，曲线只有 CD 段；对于一些无孔性吸水物料，汽化只在表面进行，干燥速率取决于固体内部水分的扩散速率，故降速阶段只有类似 DE 段的曲线。

与恒速阶段相比，降速阶段从物料中除去的水分量相对少许多，但所需的干燥时间明显加长。降速阶段的干燥速率取决于物料本身结构、形状和尺寸，而与气流状况关系不大，故降速阶段又称物料内部迁移控制阶段。

四、仪器与试剂

1. 实验装置

实验装置流程如图 14-5 所示。空气由风机送入，经电加热器预热后进入干燥器，与被干燥物料进行对流传热后，从干燥器中流出并进入旋风分离器后放空。湿空气的流量由流量计测量。湿物料与热空气在干燥床内进行传热、传质。

2. 主要设备及仪器

（1）鼓风机　BYF7122，370W；
（2）电加热器　额定功率 2.0kW；
（3）干燥室　Φ100mm×750mm；
（4）干燥物料　耐水硅胶；
（5）床层压差　数字压力表或 U 形压差计。

3. 实验材料

（1）流态化实验物料　硅胶颗粒。
（2）流化床干燥物料　湿硅胶颗粒。

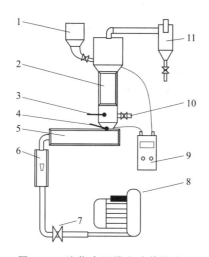

图 14-5　流化床干燥实验装置流程
（此装置图参照浙江中控科教仪器设备有限公司的流态化干燥实验仪器绘制）
1—加料斗；2—床层（干燥器）；3—床层测温点；4—出加热器热风测温点；
5—空气加热器；6—转子流量计；7—流量调节阀（出口阀）；8—鼓风机；
9—压力表；10—放空阀；11—旋风分离器

五、实验步骤

1. 流态化曲线测定操作

（1）向设备内加入适量硅胶颗粒。

(2) 打开仪表控制柜电源开关、控制仪表开关、数字压力表开关,在空气流量调节阀关闭状态下开启风机。

(3) 缓慢打开流量调节阀,在流量计最大指示范围内测量床层压降随流量变化情况,记录实验数据。

(4) 关闭流量调节阀,关闭风机。

(5) 卸料。将硅胶用水浸湿、沥干水分后备用。

2. 流化床干燥速率曲线测定操作

(1) 缓慢打开流量调节阀,参照流态化实验选择、调节、控制一个空气流量(所选流量应保证干燥过程颗粒呈流态化状态),打开放空阀。

(2) 打开加热器开关,在预热器温度设定与控制界面下设定需控制的空气入口温度,加热,使空气出口温度控制在60~80℃内的某个温度下。

(3) 待床层进口处空气温度恒定后,立即加入待干燥的物料,依次关闭放空阀,每隔1~2min记录床层压降 Δp、床层温度随时间变化情况,直至床层压降恒定,记录实验。

(4) 关闭加热器开关;待床层温度降至40℃以下,关闭空气流量调节阀。关闭风机,关闭数字压力表;切断总电源。

(5) 卸料。

3. 注意事项

(1) 风机的启动和关闭必须严格遵守操作步骤。无论是开机、停机或调节流量,必须缓慢地开启或关闭阀门。

(2) 流态化曲线测定中,当流量调节值接近临界点时,阀门调节须细微,注意床层及压降变化。

(3) 干燥器内必须有空气流过才能开启加热,防止干烧损坏加热器,出现事故。

(4) 床层压降不能超过压力表测试量程范围。

六、数据处理

1. 实验数据记录(参考表14-1和表14-2)

(1) 固体颗粒基本参数

颗粒种类:　　　　　;颗粒形状:　　　　　;平均粒径:$d_p=$　　　　mm;

颗粒密度:$\rho_s=$　　　　kg/m³;　　堆积密度:$\rho_b=$　　　　kg/m³

(2) 流体物性数据

流体种类:空气;温度 $T_g=$　　　℃;密度 $\rho_g=$　　　kg/m³;黏度 $\mu_g=$　　　Pa·s

表14-1　流态化曲线测定实验数据

空气流量 q_V/(m³/h)				
床层压降 Δp/Pa				

表 14-2　流化床干燥实验数据

颗粒种类：　　　　　；颗粒形状：　　　　　；平均粒径：$d_p=$　　　　mm
空气流量 $q_V=$　　　　m^3/h　　空气进口温度 $T=$　　　　℃

干燥时间 τ/min					
床层压降 Δp/Pa					
床层温度/℃					

2. 实验数据处理

（1）根据表 14-1 中数据，利用式（14-4）计算空气的表观速度 u_0，作出 Δp-u_0 曲线，用作图法求出临界流化速度 $u_{m,f}$。

$$u_0 = \frac{4q_V}{\pi d^2} \tag{14-4}$$

式中，$d=100$mm。

（2）根据流化床干燥实验数据，利用式（14-3）求出不同干燥时间下的 X_i；利用 X_i 与 τ 结果绘制干燥曲线、干燥速率曲线，并求出恒定干燥速率、临界湿含量、平衡湿含量。

七、思考题

1. 流化床下的干燥有何特点？
2. 空气流量或温度对恒定干燥速率有什么影响？
3. 恒速干燥阶段与降速干燥阶段的机理有何不同？
4. 临界湿含量在实际干燥操作中有何应用意义？
5. 流态化干燥过程中实验所用空气流量的选取依据是什么？通过本实验，你是否了解了科学研究的程序、步骤以及重要性？
6. 本实验中用到了鼓风机，在负压救护车内有什么黑科技呢？涉及哪些流体输送设备？在学习中，怎样不断提升理论联系实际的能力？

第三部分

工艺仿真实验

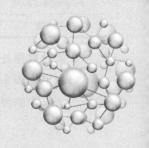

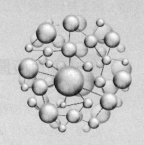

实验 15

氯乙酸生产工艺 3D 虚拟仿真实验

一、实验目的

氯乙酸是一种重要的精细化工中间体,国内现有生产厂家 100 余家。氯乙酸是草胺类除草剂、维生素 B6 及巴比妥类等药物、合成树脂、表面活性剂、氰基乙酸等有机合成的中间体,还是制备乙二胺四乙酸、羧甲基纤维素钠的羧甲基化剂。同时,它还是淀粉胶黏剂的酸化剂以及生产靛蓝染料的原料。氯乙酸合成反应中原料及产品具有易燃、易爆、剧毒等特点,不适合在实验教学中开设实物实验;同时,由于操作安全等原因,亦不宜安排生产实习。而氯乙酸生产工艺涵盖化学工程中流体流动与输送、传热、化学反应、结晶、过滤、吸收等多种典型化工单元操作,以及温度、压力、流量、液位等热工参数的测量与控制。因此,化工组教学人员与北京东方仿真软件技术有限公司技术人员,以河北某氯乙酸工业的氯乙酸合成工艺为背景,开发、完成了"氯乙酸生产工艺 3D 虚拟仿真实验"。该实验已经被认定为 2018 年度化学类国家级虚拟仿真实验项目。通过该仿真实验学习,要求:

(1) 掌握乙酸与液氯在硫黄催化下合成氯乙酸反应的基本原理;

(2) 熟悉原料、中间产物及产品的物化特性;

(3) 掌握"三传一反"化工单元操作的原理及其在氯乙酸工艺中的应用;

(4) 了解工艺流程布置方案、布局原则;

(5) 能够综合运用基础化学知识、原料产品的物理化学特性以及化学工程知识,组织氯乙酸工艺流程;

(6) 能够分析液氯储罐、液氯汽化器、氯气缓冲罐以及氯化液结晶釜、离心机、物料仓等设备的布局原则的理论依据;

(7) 能够熟练完成氯乙酸生产工艺的认识实习与生产实习仿真实验操作中规定任务;

(8) 熟悉氯乙酸安全生产措施,培养安全生产意识;

(9) 结合氯乙酸反应原理、工艺流程、设备布置的学习,培养理论联系实际、崇尚科学、实事求是的态度;

(10) 通过工艺流程优化,培养绿色化学、节能、可持续发展的工程理念。

二、反应原理

本仿真实验模拟以乙酸和液氯为原料，在硫黄催化下制备氯乙酸，同时副产盐酸的工艺过程。基本反应如下：

主反应　　$CH_3COOH + Cl_2 \xrightarrow[\triangle]{S} ClCH_2COOH + HCl\uparrow$（放热反应）

主要副反应　　$2Cl_2 + CH_3COOH \xrightarrow{\triangle} Cl_2CHCOOH + 2HCl\uparrow$

反应机理（历程）自行分析。

三、原料及产品物理特性

氯乙酸生产过程所用主要原辅材料及中间产物的理化特征详见表 15-1。

表 15-1　原料及产品理化性质一览表

氯乙酸	分子式	ClCH₂COOH	分子量	94.49
	危险性类别	第 8.1 类　酸性腐蚀品	CAS 编号	79-11-8
	UN 编号	1750	危险货物编号	81603
	外观与性状	无色结晶，有潮解性	相对密度(水=1)	3.26
	溶解性	溶于水、乙醇、乙醚、氯仿	引燃温度	>500℃
	熔点	63℃	爆炸上限%(体积分数):	无资料
	沸点	189℃	爆炸下限%(体积分数):	8.0
	饱和蒸气压	0.67kPa(71.5℃)	稳定性	稳定
	毒性	急性毒性：大鼠经口半致死剂量(LD_{50}):76mg/kg 小鼠 LD_{50}:255mg/kg 大鼠吸入半致死浓度(LC_{50}):180mg/m³		
硫黄	分子式	S	分子量	32.06
	危险性类别	第 4.1 类　易燃固体	CAS 编号	7704-34-9
	UN 编号	1350	危险货物编号	41501
	外观与性状	黄绿色有刺激性气味的气体；淡黄色脆性结晶或粉末，有特殊臭味		
	溶解性	溶于二硫化碳，不溶于水，略溶于乙醇和醚类		
	熔点	114℃	相对密度(水=1)	2.0
	沸点	444.6℃	闪点	207℃
	饱和蒸气压	0.13kPa(183.8℃)	稳定性	稳定
	毒性	大鼠 LD_{50}:8437mg/kg		
液氯	分子式	Cl₂	分子量	70.91
	危险性类别	第 2.3 类　有毒气体	CAS 编号	7782-50-5
	UN 编号	1017	危险货物编号	23002
	外观与性状	黄绿色有刺激性气味气体	溶解性	易溶于水、碱液
	熔点	-101℃	相对密度(水=1)	1.47
	沸点	-34.5℃		
	饱和蒸气压	506.62kPa(10.3℃)	稳定性	稳定
	毒性	大鼠 LC_{50}:850mg/m³(1h)		

续表

氢氧化钠	分子式	NaOH	分子量	40.01
	危险性类别	第8.2类 碱性腐蚀品	CAS编号	1310-73-2
	UN编号	1823	危险货物编号	18248
	外观与性状	白色不透明固体,易潮解		
	溶解性	易溶于水、乙醇、甘油,不溶于丙酮		
	熔点	318.4℃	相对密度(水=1)	2.12
	沸点	1390℃	闪点	无意义
	饱和蒸气压	0.13kPa(183.8℃)	稳定性	稳定
	毒性	腹注-小鼠 LD_{50}:40mg/kg		
二氯化硫	分子式	S_2Cl_2	分子量	135.04
	危险性类别	第8.1类 酸性腐蚀品	CAS编号	10025-67-9
	UN编号	1828	危险货物编号	81032
	外观与性状	发红光的暗黄色液体,在空气中发烟并有刺激性气味		
	溶解性	溶于乙醇、苯、醚、二硫化碳、四氯化碳,有水解特性		
	熔点	−80℃	相对密度(水=1)	1.69
	沸点	138℃	相对密度(空气=1)	4.7
	饱和蒸气压	1.33kPa(19℃)	稳定性	稳定
	毒性	大鼠 LD_{50}:132mg/kg 小鼠 LC_{50}:150mg/m³		
乙酰氯	分子式	C_2H_3ClO	分子量	78.498
	危险性类别		CAS编号	75-36-5
	UN编号	1717 3/PG 2	危险货物编号	11-14-34-40-36/38
	蒸气密度	2.7(空气=1)	饱和蒸气压	45kPa(25℃)
	性状	有强烈臭味无色发烟液体	毒性	LD_{50}:910mg/kg
	沸点	46℃	密度	$1.1×10^3$kg/m³
	熔点	−112℃	闪点	4.4℃
氯乙酰氯	分子式	$C_2H_2Cl_2O$;$ClCH_2CClO$	分子量	112.95
	危险性类别	第8.1类 酸性腐蚀品	CAS编号	79-40-9
	UN编号	1752	危险货物编号	81118
	外观与性状	无色透明液体,有刺激性气味		
	溶解性	溶于丙酮,可混溶于乙醚		
	熔点	−22.5℃	相对密度(水=1)	1.50
	沸点	107℃	相对密度(空气=1)	3.9
	饱和蒸气压	8.00kPa(41.5℃)	稳定性	稳定
	毒性	大鼠 LD_{50}:208mg/kg 小鼠 LD_{50}:220mg/kg		

续表

氯化氢	分子式	HCl	分子量	36.46
	危险性类别	第2.3类有毒气体	CAS编号	7647-01-10
	UN编号	1050	危险货物编号	22022
	外观与性状	无色有刺激性气味的气体		
	溶解性	易溶于水	相对密度(空气=1)	1.27
	熔点	−114.2℃	相对密度(水=1)	1.19
	沸点	−85.0℃	闪点	/
	饱和蒸气压	4225.6kPa(20℃)	稳定性	稳定
	毒性	兔经口 LD_{50}:400mg/kg； 大鼠 LC_{50}:4600mg/m³(1h)		
二氧化硫	分子式	SO_2	分子量	64.06
	危险性类别	第2.3类有毒气体	CAS编号	7446-09-5
	UN编号	1079	危险货物编号	23013
	外观与性状	无色气体,具有窒息性特臭		
	溶解性	溶于水、乙醇	相对密度(空气=1)	2.26
	熔点	−75.5℃	相对密度(水=1)	1.43
	沸点	−10℃	闪点	/
	饱和蒸气压	338.42kPa(21.1℃)	稳定性	稳定
	毒性	急性毒性：大鼠 LC_{50}:6600mg/m³(1h) 刺激性：家兔经眼:6mg/m³(4h),32d,轻度刺激 致突变性：DNA损伤:人淋巴细胞 5700×10⁻⁹ DNA抑制：人淋巴细胞 5700×10⁻⁹		
乙酸	分子式	$C_2H_4O_2$	分子量	60.05
	危险性类别	第8.1 类酸性腐蚀品	CAS编号	232-236-7
	UN编号	2789	危险货物编号	81601
	外观与性状	无色透明液体,有刺激性酸臭		
	溶解性	溶于水、醚、甘油,不溶于二硫化碳		
	熔点	16.7℃	相对密度(水=1)	1.05
	沸点	118.1℃	闪点	39℃
	饱和蒸气压	2.07kPa(20℃)	稳定性	稳定
	毒性	大鼠 LD_{50}:3530mg/kg 小鼠 LC_{50}:13791mg/m³(1h)		

四、工艺流程

图15-1为氯乙酸工艺流程总图,工艺主要包括乙酸进料、液氯汽化、氯化反应、尾气处理、氯乙酸分离。流程中涉及的主要生产设备、仪表详见表15-2、表15-3。

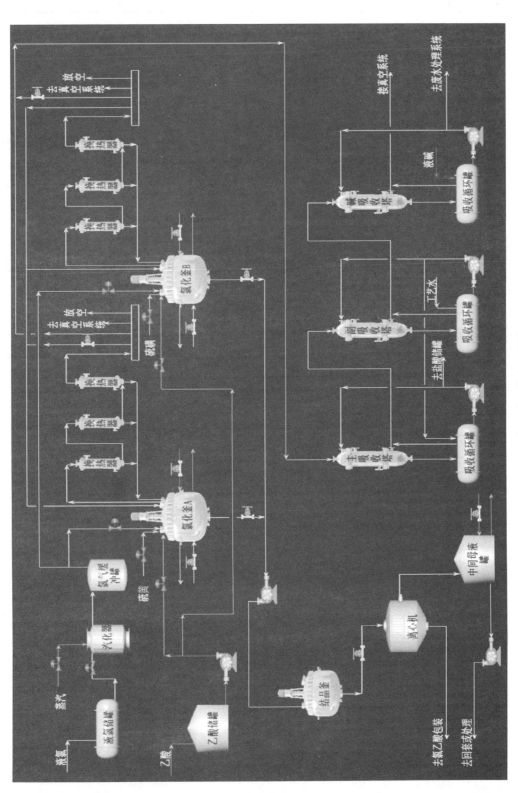

图 15-1 氯乙酸工艺流程总图

表 15-2 主要生产设备

序号	设备名称	设备位号
1	反应釜	R201A/B
2	结晶釜	V301
3	降膜吸收器	C401-C403
4	反应釜冷凝器	E201-E206
5	立式平板离心机	M301
6	母液泵	P509-P516
7	盐酸泵	P401A/B
8	母液回收泵	P301A/B
9	乙酸泵	P501-P502
10	母液罐	V505-V506
11	离心机母液回收罐	V302
12	液氯储罐	V101
13	液氯汽化器	E101
14	氯气缓冲罐	V102
15	乙酸储罐	V501-V504
16	盐酸罐	V507-V508

表 15-3 化工参数仪表

序号	位号	单位	正常值	说明
1	LI101	%	80	液氯储罐液位
2	LI301	%	50	离心机母液回收罐液位
3	LI501	%	80	乙酸储罐液位
4	PI101	MPa	0.5	液氯储罐压力
5	PI102	MPa	0.15~0.25	氯气缓冲罐压力
6	PI201	MPa	0.1	氯化釜 A 压力
7	PI202	MPa	0.05	氯化釜 B 压力
8	PI203	MPa	0.1	中天管 A 压力
9	PI204	MPa	0.05	中天管 B 压力
10	TI101	℃	60	液氯汽化器温度
11	TI201	℃	105	氯化釜 A 温度
12	TI202	℃	80	氯化釜 B 温度
13	TI301	℃	55	结晶釜温度
14	FI201	kg/h	15000	氯气进氯化釜 A 流量
15	FI202	kg	12310	乙酸进氯化釜 A 质量
16	FI203	kg/h	15000	氯气进氯化釜 B 流量
17	FI204	kg	12310	乙酸进氯化釜 B 质量
18	FI301	kg/h	100000	氯化液进结晶釜流量

1. 乙酸进料

乙酸储罐中的乙酸经乙酸泵送出，经流量调节阀自动调节乙酸的进料量，分别进入主氯化釜和副氯化釜，提供氯化反应原料。乙酸进料工艺流程现场图以及分布式控制系统（DCS）分别如图 15-2 和图 15-3 所示。

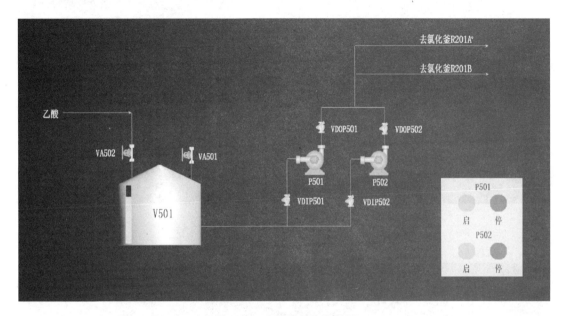

图 15-2　乙酸进料流程现场

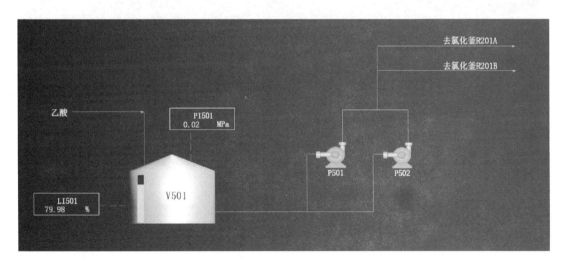

图 15-3　乙酸进料 DCS

2. 液氯汽化

液氯由液氯储罐引出，经气动调节阀进入汽化器汽化。产生的氯气流量根据后系统工艺需要由缓冲罐上的压力反馈自行调节。汽化器采用水浴加热，热水温度控制在 60℃。汽化后的氯气进入氯气缓冲罐供生产车间使用。液氯汽化工艺现场及 DCS 分别如图 15-4 和图 15-5 所示。

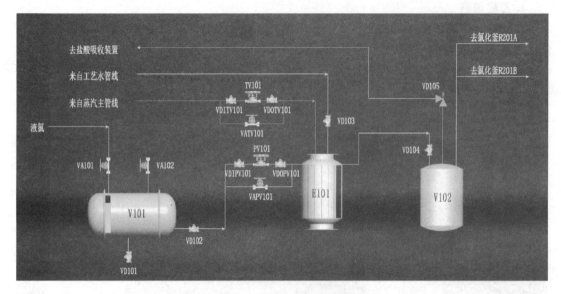

图 15-4　液氯汽化现场工艺

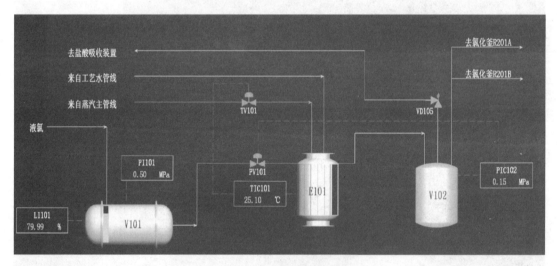

图 15-5　液氯汽化 DCS 工艺

3. 氯化工序

生产设计依照每批生产 17.01t 氯乙酸安排生产设备及原料进料。

将 12310kg 冰醋酸、300kg 硫黄分别投入主氯化釜、副氯化釜，预热至 80℃ 后将氯气通入主氯化釜。反应中，要求温度不超过 105℃，压力不超过 0.1MPa。未反应完的氯气及副产的氯化氢和反应中间体进入主氯化反应釜上的冷凝器进行冷却。冷凝液返回到主氯化釜内，未冷凝气体进入副氯化反应釜继续反应，副反应釜温度低于 80℃。来自副釜的尾气经冷凝器冷却后，冷凝液返回氯化釜，未冷凝气体进入吸收塔吸收制备盐酸，尾气最后放空。当反应釜内物料相对密度达到 1.355，停止通入氯气。反应终点氯化液指标：氯乙酸≥92%，二氯乙酸含量≤6.5%，乙酸含量<1.5%。出料完毕，重新投入乙酸，进行新一轮的循环生产。氯化工艺现场及 DCS 分别如图 15-6 和图 15-7 所示。

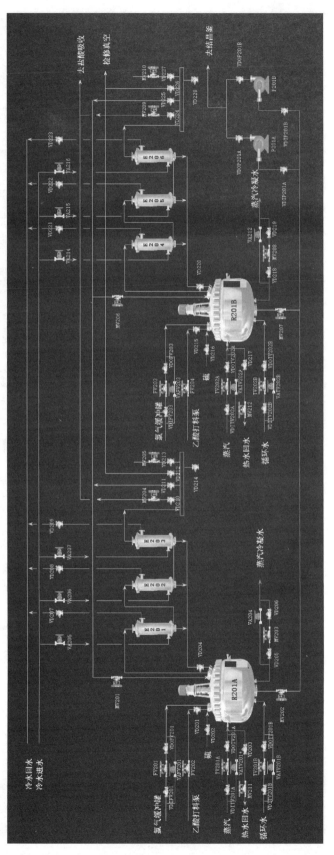

图 15-6 氯化工艺现场

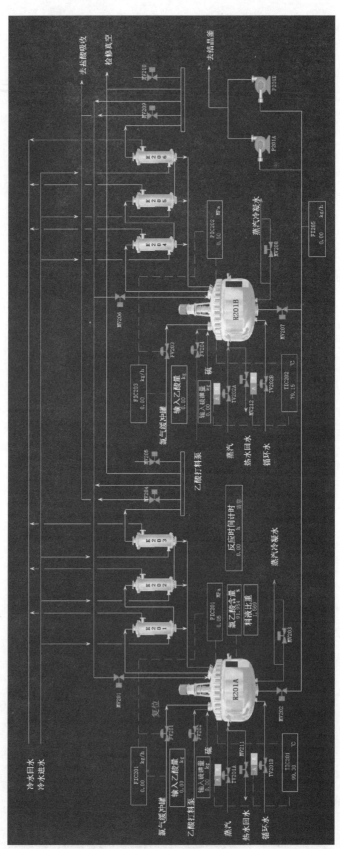

图 15-7 氯化工艺 DCS

4. 结晶离心

将合成好的氯化液经倒料泵全部转入析晶罐。开启搅拌以及工艺冷却水,缓慢降温析晶,也可同时由母液储罐向析晶罐加入母液降温。析晶完毕,开启离心机,向离心机均匀放料,进行离心分离。结晶工艺现场及 DCS 分别如图 15-8 和图 15-9 所示。

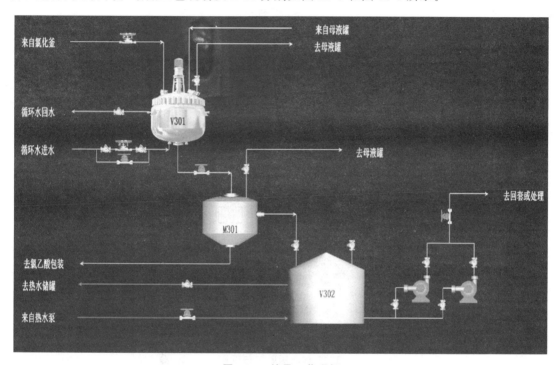

图 15-8　结晶工艺现场

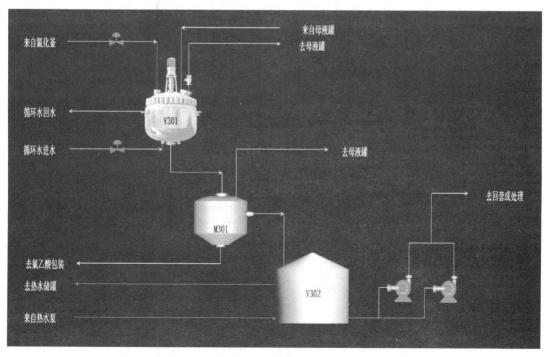

图 15-9　结晶工艺 DCS

5. 尾气吸收

氯化反应产生的尾气经尾气冷凝器冷却、冷凝，冷凝液回氯化釜，不凝的氯化氢气体和极少量的氯气、二氧化硫、乙酰氯、乙酸蒸气经两级降膜吸收塔吸收生成副产品盐酸，再经第三级降膜吸收器用碱液吸收后，尾气由真空系统排出。吸收工艺现场及 DCS 分别如图 15-10 和图 15-11 所示。

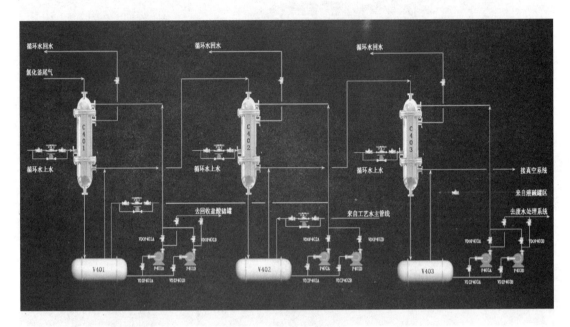

图 15-10　吸收工艺现场

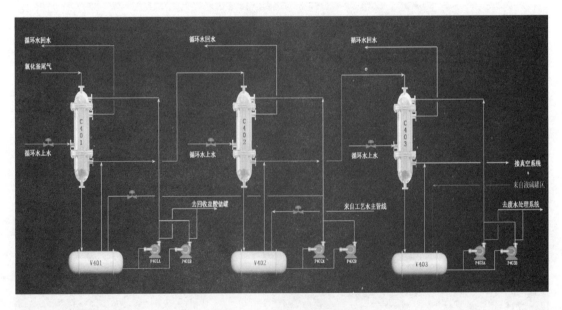

图 15-11　吸收工艺 DCS

五、设备布置

设备在车间、厂房内的平面布置与立面布置如图 15-12～图 15-16 所示。

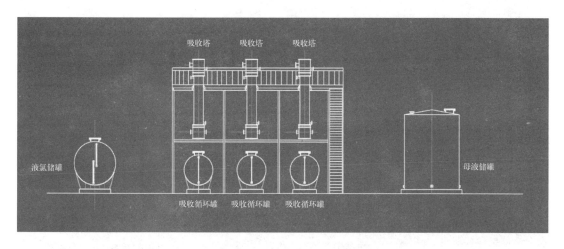

图 15-12　厂房前方立面图

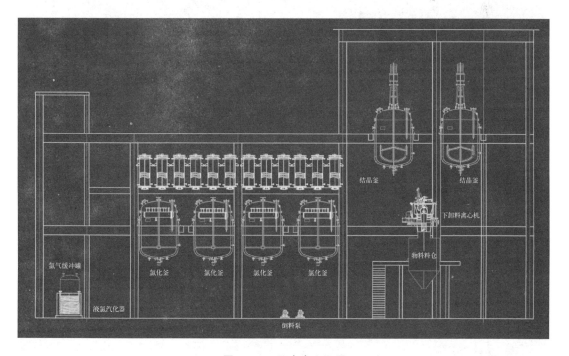

图 15-13　厂房内立面图

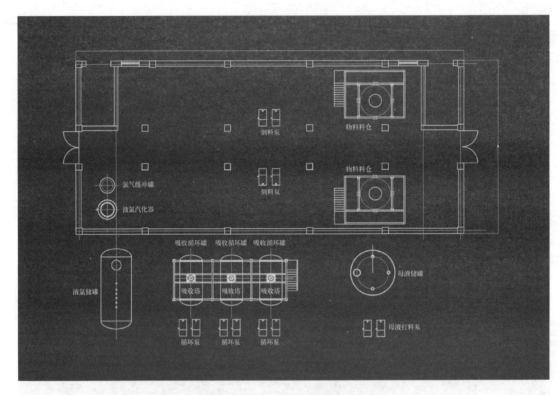

图 15-14 厂房一层及厂房前方平面图

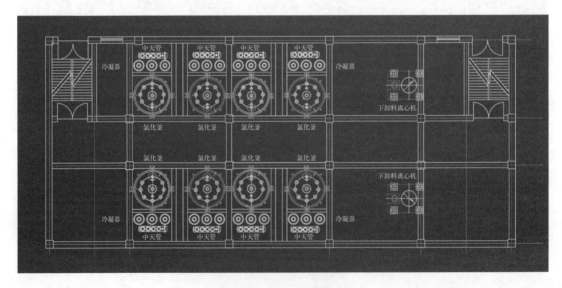

图 15-15 厂房二层平面图

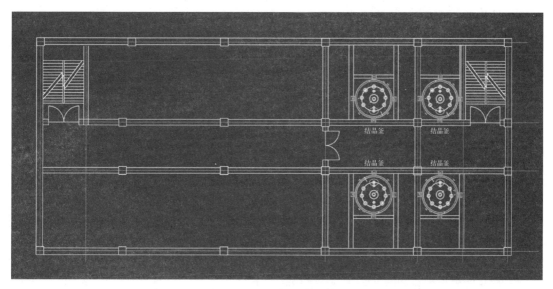

图 15-16　厂房三层平面图

六、实验任务

1. 认识实习实验

在任务引领模式下,借助于文字、视频、动画等多媒体资料学习有关工艺、设备、安全、化工仪表的四大类知识。

2. 生产实习

【注意】仿真实验操作前,应关闭 360 杀毒软件、windows 防火墙,采用火狐、谷歌、Microsoft edge 等浏览器,电脑键盘处于英文输入法状态。

氯乙酸冷态开车操作过程如下。

(1) 乙酸及硫催化剂进料

① 打开乙酸泵入口阀 VDIP501；

② 启动乙酸泵 P501；

③ 打开乙酸泵出口阀 VDOP501；

④ 打开乙酸进主反应釜 A 手动阀 VD201；

⑤ 设定乙酸向氯化釜 A 投料 10000～15000kg（正常值为 12310kg）,自动进料,控制阀 FV202 开；

⑥ 乙酸计量达到设定值时,自动关闭控制阀 FV202；

⑦ 打开阀 VD202；

⑧ 向氯化釜 A 中加入硫催化剂 200～400kg（正常值为 300kg）；

⑨ 关闭阀 VD202；

⑩ 打开乙酸进副反应釜 B 手动阀 VD215；

⑪ 设定乙酸向氯化釜 B 投料 10000～15000kg（正常值为 12310kg）,自动进料,控制阀 FV204 开；

⑫ 乙酸计量达到 12310kg 时,自动关闭控制阀 FV204；

⑬ 打开阀 VD216；
⑭ 向氯化釜 B 中加入硫催化剂 200~400kg（正常值为 300kg）；
⑮ 关闭阀 VD216。

(2) 液氯汽化
① 打开液氯汽化器工艺水进口阀 VD103，向汽化器补水；
② 汽化器水的液位超过换热列管后，关闭水进口阀 VD103；
③ 打开液氯汽化器加热蒸汽调节阀前阀 VDITV101；
④ 打开液氯汽化器加热蒸汽调节阀后阀 VDOTV101；
⑤ 在液氯汽化 DCS 界面调节控制阀 TIC101，控制温度为 60℃；
⑥ 操作稳定后，适时将 TIC101 投自动（时刻关注参数变化，如有波动，手动调节）；
⑦ 设定 TIC101 温度为 60℃；
⑧ 打开液氯储罐出口阀 VD102；
⑨ 打开氯气进缓冲罐阀 VD104；
⑩ 打开液氯进汽化器调节阀前阀 VDIPV101；
⑪ 打开液氯进汽化器调节阀后阀 VDOPV101；
⑫ 在液氯汽化 DCS 界面调节控制阀 PIC102，控制压力为 0.15MPa；
⑬ 操作稳定后，适时将 PIC102 投自动（时刻关注参数变化，如有波动，手动调节）；
⑭ 设定 PIC102 压力为 0.15MPa。

(3) 氯化反应
① 打开主釜 A 尾气一级冷凝器 E201 进水阀 VA205；
② 打开主釜 A 尾气一级冷凝器 E201 出水阀 VD207；
③ 打开主釜 A 尾气二级冷凝器 E202 进水阀 VA206；
④ 打开主釜 A 尾气二级冷凝器 E202 出水阀 VD208；
⑤ 打开主釜 A 尾气三级冷凝器 E203 进水阀 VA207；
⑥ 打开主釜 A 尾气三级冷凝器 E203 出水阀 VD209；
⑦ 打开冷凝器回流阀 VD204；
⑧ 打开主釜中天管尾气去副釜阀门 VD211；
⑨ 打开尾气进副釜阀门 MV206；
⑩ 打开副釜 B 尾气一级冷凝器 E204 进水阀 VA214；
⑪ 打开副釜 B 尾气一级冷凝器 E204 出水阀 VD221；
⑫ 打开副釜 B 尾气二级冷凝器 E205 进水阀 VA215；
⑬ 打开副釜 B 尾气二级冷凝器 E205 出水阀 VD222；
⑭ 打开副釜 B 尾气三级冷凝器 E206 进水阀 VA216；
⑮ 打开副釜 B 尾气三级冷凝器 E206 出水阀 VD223；
⑯ 打开冷凝器回流阀 VD220；
⑰ 打开尾气去盐酸吸收系统阀 VD224；
⑱ 打开尾气去盐酸吸收系统阀 MV209；
⑲ 打开氯化釜 A 循环水控制阀前阀 VDITV201B；
⑳ 打开氯化釜 A 循环水控制阀后阀 VDOTV201B；
㉑ 打开循环水回水手动阀 VD203；

㉒ 打开蒸汽冷凝水回水阀 VD205；
㉓ 打开蒸汽冷凝水回水阀 VD206；
㉔ 打开蒸汽控制阀前阀 VDITV201A
㉕ 打开蒸汽控制阀后阀 VDOTV201A；
㉖ 在氯化工艺 DCS 界面，蒸汽控制阀 TV201A 选择自动模式（A）；
㉗ 在氯化工艺 DCS 界面，循环水控制阀 TV201B 选择自动模式（A）；
㉘ 在氯化工艺 DCS 界面，调节控制阀 TIC201，使主氯化釜温度达到 80℃；
㉙ 操作稳定后，适时将 TIC201 投自动（时刻关注参数变化，如有波动，手动调节）；
㉚ 温度控制器 TIC201 设定温度 80℃；
㉛ 打开氯化釜 B 循环水控制阀前阀 VDITV202B；
㉜ 打开氯化釜 B 循环水控制阀后阀 VDOTV202B；
㉝ 打开循环水回水手动阀 VD217；
㉞ 打开蒸汽冷凝水回水阀 VD218；
㉟ 打开蒸汽冷凝水回水阀 VD219；
㊱ 打开蒸汽控制阀前阀 VDITV202A；
㊲ 打开蒸汽控制阀后阀 VDOTV202A；
㊳ 在氯化工艺 DCS 界面，蒸汽控制阀 TV202A 选择自动模式（A）；
㊴ 在氯化工艺 DCS 界面，循环水控制阀 TV202B 选择自动模式（A）；
㊵ 在氯化工艺 DCS 界面，调节控制阀 TIC202，使副氯化釜温度达到 65℃；
㊶ 操作稳定后，适时将 TIC202 投自动（时刻关注参数变化，如有波动，手动调节）；
㊷ 温度控制器 TIC202 设定温度 65℃；
㊸ 打开主釜 A 氯气调节阀前阀 VDIFV201；
㊹ 打开主釜 A 氯气调节阀后阀 VDOFV201；
㊺ 在氯化工艺 DCS 界面，调节控制阀 FIC201，使流量达到 15000kg/h；
㊻ 操作稳定后，适时将 FIC201 投自动（时刻关注参数变化，如有波动，手动调节）；
㊼ 设定 FIC201 的流量为 15000kg/h；
㊽ 将控制器 TIC201 投手动，调节温度为 100～104℃，稳定后投自动；
㊾ 将控制器 TIC202 投手动，调节温度为 75～79℃，稳定后投自动；
㊿ 主反应釜 A 通氯气 5～6h 后提高通氯量至 18000kg/h；
(51) 反应 15h 后降低通氯速度至 10000kg/h，及时监测反应料液相对密度；
(52) 料液相对密度达到 1.355 以后，关闭主反应釜 A 氯气进气阀门 FV201；
(53) 关闭液氯汽化蒸汽控制阀 TV101；
(54) 关闭液氯进汽化器控制阀 PV101；
(55) 关闭主釜 A 中天管尾气去副釜阀门 VD211；
(56) 打开中天管尾气去盐酸吸收系统阀门 VD210；
(57) 打开中天管尾气去盐酸吸收系统阀门 MV204；
(58) 在氯化工艺 DCS 界面，将主反应釜温度控制到 120℃；
(59) 温度达到 120℃后，将温度控制器 TIC201 投手动，输入 50 开度，继续反应 30min；
(60) 釜温明显降低时反应结束，检测氯乙酸含量≥92%。

（4）氯乙酸进料

① 打开放空阀 VD212；
② 打开主反应釜 A 底阀 MV202；
③ 打开转料泵 P201A 前阀 VDIP201A；
④ 启动转料泵 P201A；
⑤ 打开转料泵 P201A 后阀 VDOP201A；
⑥ 氯化釜 A 料液全部转至结晶釜后，关闭转料泵 P201A 出口阀 VDOP201A；
⑦ 停止转料泵 P201A；
⑧ 关闭转料泵 P201A 入口阀 VDIP201A；
⑨ 关闭氯化釜 A 底阀 MV202。

七、操作方法

1. 移动方式
（1）按住 W 键、S 键、A 键、D 键可控制当前角色向前后左右移动。
（2）点击 C 键可控制当前角色下蹲或站立。

2. 操作方式
（1）通过物体闪烁高亮，通过目标引领方式来指引学员操作。
（2）单击鼠标左键可选择物体。
（3）按住鼠标右键可旋转视角。

3. 阀门操作
鼠标左键单击阀门，选择打开或者关闭功能。

4. 菜单功能
（1）任务　根据任务提示和箭头方向进行操作并查看得分情况。
（2）帮助　点击帮助图标查看操作说明。
（3）知识点　点击知识点图标查看知识点清单，单击学习。
（4）快捷跳转功能　点击文字（液氯储罐、一楼、二楼、乙酸储罐）快速跳转到相应区域。

八、实验结果

针对不同阶段实验要求，分别绘制氯乙酸工艺总图，完成实验（实习）报告。

九、思考题

1. 合成氯乙酸的其他方法还有哪些？
2. 接触、吸入液氯应如何急救？
3. 接触、吸入氯乙酸后应如何急救？
4. 通过完成本实验，感受"互联网＋"的魅力，并谈谈你对化工仿真实验的认识。
5. 通过本实验，你的综合应用知识的能力是不是得到了一定的提升？是否具有绿色、节能、安全、环保的工程理念？

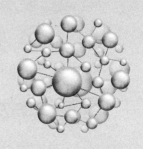

实验 16

典型化工厂 3D 虚拟现实认识实习

一、实验目的

苯胺是最重要的胺类物质之一，主要用于制造染料、药物、树脂，还可用作橡胶硫化促进剂，其本身也可作为黑色染料使用。苯胺列于世界卫生组织国际癌症研究机构公布的 3 类致癌物清单中。苯胺蒸气与空气混合，能形成爆炸性混合物。硝基苯、氢气均具有易燃易爆特性。因而，以硝基苯和氢气为原料合成苯胺的工艺适宜以仿真实验形式开展。通过该仿真实验学习，要求：

（1）了解以硝基苯和氢气为原料合成苯胺的反应原理、特点，熟悉原料及产品的物化特性；
（2）掌握苯胺合成工艺流程基本组成；
（3）了解生产中典型设备的功能、结构及运行原理；
（4）了解工厂厂区布局特点，培养安全生产意识；
（5）掌握仿真软件的操作要领，熟练完成操作任务。

二、反应原理

以硝基苯和氢气为原料，在硅胶负载的 Cu 催化剂催化加氢制备苯胺的化学反应如下：

$$C_6H_5NO_2 + 3H_2 \xrightarrow{Cu} C_6H_7N + 2H_2O$$

反应实施中，根据固体催化剂的状态分类，反应器的形式有固定床反应器与流化床反应器两种。

固定床反应器：反应温度 200～300℃，床层温度不易控制，会出现局部过热，催化剂失活。优点：催化剂用量少。

流化床反应器：反应温度 260～280℃。床层内温度均匀，易于控制，不会过热。缺点：反应速率低，需要催化剂量大，需要反应器体积增大。同时，催化剂有磨损，需要增加旋风分离器回收催化剂粉尘。

反应特点：该反应为放热反应。降温方法：①用反应体系预热原料氢气；②反应体系与水换热降温，副产饱和水蒸气。硝基苯如果被彻底还原，所得产品为无色透明液体。如果还原不彻底，由于硝基苯还原需经历很多中间态，如亚硝基苯、芳香羟胺、偶氮化合物等，导致产品不纯。中间体需要继续还原全部转化为苯胺。

三、原料及产品物理特性

本实验中所用原料及产品物理特性详见表 16-1。

表 16-1　原料及产品理化性质一览表

苯胺	分子式	C_6H_7N	分子量	193.27
	危险性类别	6.1	CAS 编号	62-53-3
	UN 编号	1547 6.1/PG 2	稳定性	稳定
	外观与性状	无色或微黄色油状液体,有强烈气味	相对密度(空气=1)	3.22(185℃)
	溶解性	稍溶于水,与乙醇、乙醚、氯仿和其他大多数有机溶剂混溶	相对密度(水=1)	1.02
	熔点	−6.2℃	闪点	70℃
	沸点	184.4℃	蒸气压	(0.7 ± 0.3)mmHg(25℃)
	毒性	能因口服、吸入蒸气、皮肤吸收而中毒 急性毒性:大鼠经口 LD_{50}:442mg/kg; 兔经皮 820mg/kg;小鼠吸入 LC_{50}:175mg/m³,7h; 亚急性和慢性毒性:大鼠吸入 LC_{50}:19mg/m³		
硝基苯	分子式	$C_6H_5NO_2$	分子量	123.109
	危险性类别	6.1	CAS 编号	98-95-3
	UN 编号	1662 6.1/PG 2	稳定性	稳定
	外观与性状	黄色液体	相对密度(空气=1)	4.2
	溶解性	不溶于水,溶于乙醇、乙醚、苯、丙酮等多数有机溶剂	相对密度(水=1)	1.205
	熔点	5~6℃	闪点	88℃
	沸点	210~211℃	蒸气压	0.15mmHg(20℃)
	爆炸上限(体积分数)	40	爆炸下限(体积分数)	1.8(93℃)
	毒性	急性毒性:大鼠经口 LD_{50}:489mg/kg 大鼠经皮 LD_{50}:2100mg/kg		
氢气	沸点	20.38K	熔点	−259.2℃
	密度	0.089g/L	分子量	2.0157
	临界温度	−234.8℃	临界压力	1664.8kPa
	三相点	−254.4℃	空气中的燃烧界限	5%~75%(体积分数)
	熔化热	48.84kJ/kg(−254.5℃,平衡态)	表面张力	3.72mN/m(平衡态,−252.8℃)
	热值	1.4×10^8J/kg	比热比	$C_p/C_v=1.40(101.325$kPa,25℃,气体)
	易燃性级别	4	易爆性级别	1

续表

亚硝基苯	分子式	C$_6$H$_5$NO	分子量	107.11
	沸点	59℃	熔点	65～69℃
	性状	黄绿色晶体	溶解性	不溶于水,溶于乙醇

四、工艺流程

硝基苯加氢还原合成苯胺工艺流程总图如图 16-1 所示,主要包括加氢还原工序、分离工序、精馏工序。主要生产设备见表 16-2。

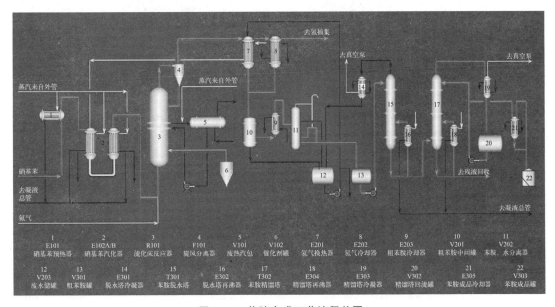

图 16-1 苯胺合成工艺流程总图

表 16-2 主要生产设备

序号	设备名称	设备位号	序号	设备名称	设备位号
1	硝基苯预热器	E101	14	脱水塔进料泵	P301A/B
2	硝基苯汽化器	E102	15	精馏塔回流泵	P302A/B
3	氢气换热器	E201	16	流化床反应器	R101
4	氢气冷却器	E202	17	苯胺脱水塔	T301
5	粗苯胺冷却器	E203	18	苯胺精馏塔	T302
6	脱水塔冷凝器	E301	19	废热汽包	V101
7	脱水塔再沸器	E302	20	催化剂罐	V102
8	精馏塔冷凝器	E303	21	粗苯胺中间罐	V201
9	精馏塔再沸器	E304	22	苯胺、水分离器	V202
10	苯胺成品冷却器	E305	23	废水储罐	V203
11	旋风分离器	F101	24	粗苯胺罐	V301
12	热水循环泵	P101A/B	25	精馏塔回流罐	V302
13	废水泵	P201A/B	26	苯胺成品罐	V303

1. 加氢还原

硝基苯加氢还原工艺流程如图 16-2 所示。原料 H_2 与系统中的循环 H_2 混合后经 H_2 压缩机增压,与来自流化床反应器(R101)顶的高温混合气体在 H_2 换热器(E201)中进行热交换,H_2 被预热到约 170℃进入硝基苯汽化器(E102A/B)。硝基苯经预热器(E101)预热后在汽化器(E102A/B)中汽化,并与过量的 H_2 合并预热至 185~195℃,进入流化床反应器(R101)。在流化床反应器(R101)中,在催化剂的作用下硝基苯被还原生成苯胺和水蒸气,并放出大量热量。加氢反应所放出的热量被废热汽包(V101)送入流化床内换热管的软水带出。水受热汽化为 1.0MPa 的蒸汽,该蒸汽量除满足装置需用量外,剩余部分送入装置外的蒸汽管网。

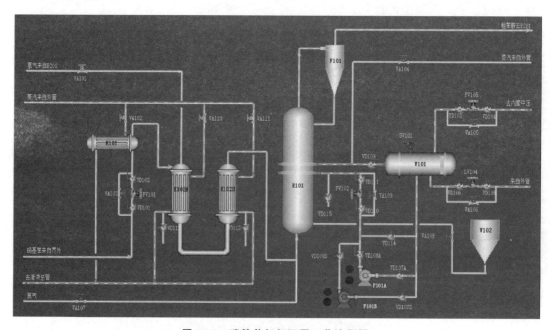

图 16-2 硝基苯加氢还原工艺流程图

2. 反应产物预分离

反应后的混合气体进 H_2 换热器(E201)与原料 H_2 进行热交换降温,再经循环水冷却。过量 H_2 循环使用。粗苯胺、饱和苯胺水溶液(乳浊液)进入苯胺、水分离器(V202),苯胺废水罐内下层的物料去加氢还原单元继续还原。从分层器上部流出来的水(含苯胺 3.6%)进入废水储罐(V203),从分层器下部流出的粗苯胺(含水 5%)储存于粗苯胺罐(V301)内,去苯胺单元精馏工序。反应产物预分离工艺流程如图 16-3 所示。

3. 苯胺精馏工序

原理:苯胺微溶于水。同时,苯胺与水能形成共沸物,苯胺/水之比约为 1:8,共沸点低于水的沸点,低温下将苯胺与水蒸气按照 1:8 比例从精馏塔顶部蒸出。

粗苯胺罐(V301)内的粗苯胺用脱水塔进料泵(P301)以一定流量输送到脱水塔(T301,常压精馏)内进行精馏,塔顶蒸出物经共沸物冷凝器(E301)冷凝后流入苯胺水分层器内进行分层,塔釜高沸物进入精馏塔(T302,减压精馏)内,在真空下进行精馏,塔顶蒸出物(苯胺)经精馏塔冷凝器(E303)冷凝后,一部分以一定的回流比从塔顶送入精馏塔内作为回流,其余再经冷凝器进一步冷凝后进入苯胺成品罐(V303)。苯胺精馏工艺流程如图 16-4 所示。

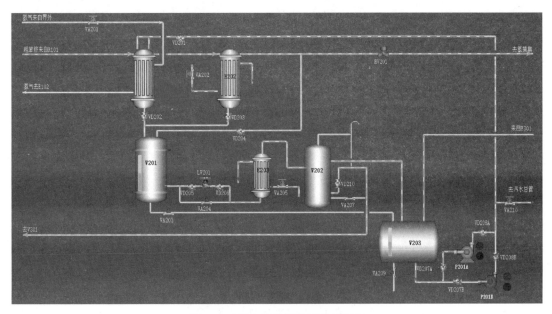

图 16-3 反应产物预分离工艺流程

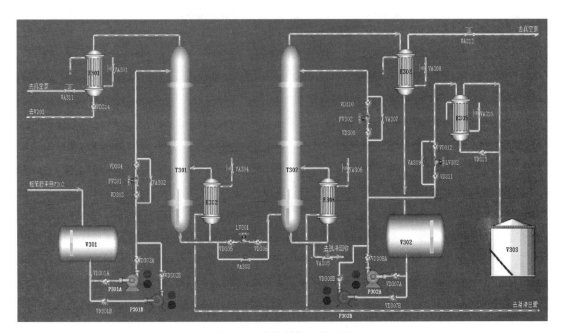

图 16-4 苯胺精馏工艺流程

五、厂区布置

厂区内主要设备、生产车间、厂房的平面布置如图 16-5 和图 16-6 所示，主要包括办公楼、安全教育厅、现场工具间、中控室、装置区、原料罐区、产品灌区、空分机房、压缩机房、凉水塔、废气处理装置。

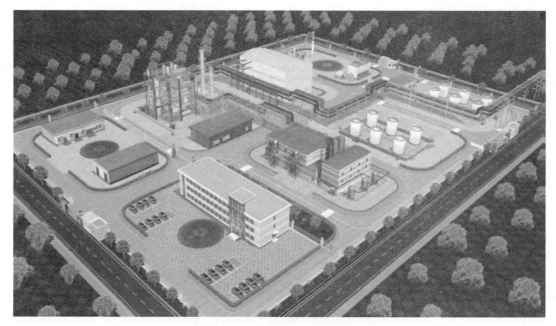

图 16-5 苯胺生产布局图

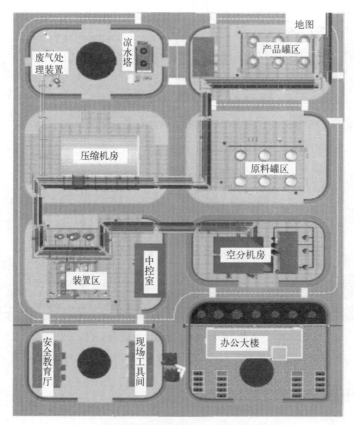

图 16-6 苯胺生产厂区俯瞰图

六、实验任务与实验材料

1. 实验任务

以学员身份,在张师傅的带领下,从厂区南门开始,完成苯胺合成工艺认识实习。

2. 实验材料

实验材料为苯胺工艺 3D 虚拟现实仿真软件以及内嵌选择题,其中所涉及的安全、工艺与设备知识点见表 16-3。

表 16-3 苯胺合成工艺相关知识点

分类	序号	知识点名称
安全与自控	1	常用防护用品
	2	现场急救
	3	安全标志与工艺工程
	4	常见塔的控制方案
	5	联锁
	6	温度检测及仪表
	7	物位检测及仪表
	8	压力检测及仪表
设备类	9	填料塔
	10	换热器
	11	汽包
	12	泵
	13	流量计
	14	自动阀
	15	手操阀
	16	罐类
	17	流化床与旋风分离器
工艺类	18	原料产品简介
	19	苯胺合成背景简介
	20	苯胺合成精制工艺

七、操作方法

以学员身份,在张师傅的带领下,从厂区南门开始,完成整个参观学习过程。场景的右上角有任务栏,在任务指引下进行操作。学员走近,可见其头顶出现"!",张师傅与之对话,提示学习知识点。所有题目的答案都可以在知识点里找到(小星星中内容)。每答对一道题,任务进度涨一格。

1. 菜单栏功能按钮介绍

如图 16-7 所示,菜单栏中有视角、巡演、地图、查找、对讲机功能按钮。

图 16-7　菜单栏功能按钮

(1) 视角功能（一、三视角切换）　点击"一"切换到第一人称视角，点击"三"切换到第三人称视角。

(2) 巡演功能　左键点击"巡演"功能钮，可自动演示播放视频。

(3) 地图功能　左键点击"地图"功能钮，弹出地图，实时显示各人物的位置及当前操作人物的朝向，点击地图上各地点的名字可传送到该地点。

(4) 查找功能　左键点击"查找"功能钮，弹出"查找窗口"，再次点击按钮，"查找窗口"关闭。在弹出界面中输入要查找的目标后，点击"开始查找"，会在操作人物的上方出现一个红色箭头和文字说明，可以引导查找目标。在到达查找的目标所在的区域后，箭头和文字提示会自动消失。查找功能演示分别如图 16-8 和图 16-9 所示。

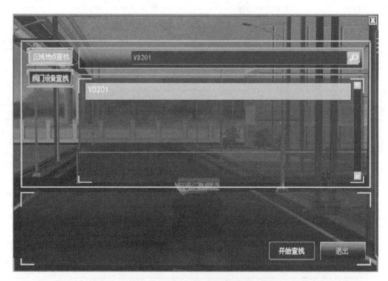

图 16-8　查找界面演示 1

图 16-9　查找界面演示 2

(5) 对讲机功能　左键点击"对讲"功能钮，在左侧选择要进行对讲的人物，右侧选择对讲内容，可实现当前人物与其他角色进行对话。

2. 鼠标及键盘功能

（1）W 键、A 键、S 键、D 键分别代表向前、左、后、右移动。
（2）按住 Q 键、E 键可进行左转弯与右转弯。
（3）点击 R 键或功能钮中"走跑切换"按钮可控制角色进行走、跑切换。
（4）单击键盘空格键显示全场，再单击空格键回到现场。
（5）在全场图中，单击鼠标右键，可瞬移到点击位置（仅限于外操员）。
（6）按住鼠标左键，左、右或者前、后拖动，可改变视角。
（7）向前或者向后滑动鼠标滚轮可将视野拉近或者推远。

3. 操作阀门

控制角色移动到目标阀门附近，将鼠标悬停在阀门上，阀门闪烁，表明可以操作阀门；若距离较远，即使将鼠标悬停在阀门位置，阀门也不闪烁，不能操作。阀门操作信息在小地图上方区域即时显示，同时显示在消息框中。具体操作方法如下：

（1）左键双击闪烁阀门，进入操作界面，切换到阀门近景；
（2）点击操作界面上方操作框进行开、关操作，阀门手轮或手柄将有相应转动；
（3）按住上、下或者左、右方向键，以当前阀门为中心进行上、下或者左、右旋转操作；
（4）单击右键，退出阀门操作界面。

4. 查看仪表

控制角色移动到目标仪表附近，将鼠标悬停在仪表上，仪表闪烁，表明可以查看仪表；如果距离较远，即使将鼠标悬停在仪表位置，仪表也不闪烁，不能查看。具体操作方法如下：

（1）左键双击闪烁仪表，进入查看界面，并切换到仪表近景；
（2）在查看界面上方有提示框，提示当前仪表数值，与仪表面板数值对应；
（3）按住上、下或左右方向键，以当前仪表为中心进行上、下或左、右旋转；
（4）单击右键，退出仪表操作界面。

5. 拾取、装配物品

用鼠标双击要拾取或者装配的物品，则该物品装备到装备栏，或者直接装备到角色身上。

6. 拨打电话

双击场景内任意一台电话，即可调出电话拨号盘，电话号码显示在中控室墙上，正确拨号后即可接通，选择需要交谈的内容。若拨号错误，按"♯"可清空并重新拨号。

7. 人物栏及装备

生产中涉及人员头像如图 16-10 所示，分别有警戒队员 A、警戒队员 B、救援队员 C、救援队员 D、值班长、内操员、现场工人。人物栏中高亮头像为当前控制的角色头像，可以通过鼠标左键点击角色名称切换当前角色。

点击图 16-11 头像中的装备，可以调出装备界面（图 16-12）。右键点击已装备的物品可将其卸下放回背包里；左键点击背包里的物品可将其装备上；右键点击背包里的物品可将其丢弃。

图 16-10 人物栏

图 16-11 人物/装备

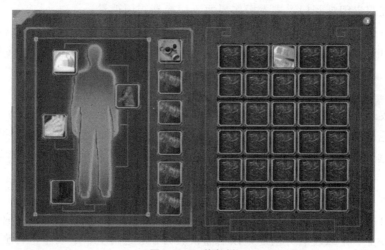

图 16-12 装备栏

8. 存读档

在 DCS 界面中，点击"工艺"→"进度存盘"即可存档；读档为"进度重演"。

9. 暂停

在 DCS 界面中，点击"工艺"→"系统冻结"即可暂停；恢复为"系统解冻"。

八、实验结果

1. 说明苯胺合成反应原理及特点。
2. 绘制苯胺合成简易工艺流程图。

九、思考题

1. 苯胺主要有哪些用途？

2. 苯胺有哪些制备方法？

3. 硝基苯、氢气、苯胺有哪些物化特性？生产中如何进行安全防护？

4. 固定床、流化床反应器各有哪些优、缺点？

5. 在这些烦琐而有序的操作中，你是否体会到了化工生产流程、操作的科学性、严谨性，以及化工生产安全的重要性？请谈谈你的感想。

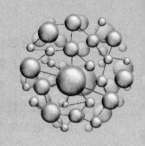

实验 17

鲁奇甲醇合成 3D 虚拟仿真实验——生产实习

一、实验目的

甲醇是一种重要有机化工原料和优质燃料。主要用于制造二甲醚、乙酸、氯甲烷、甲氨、硫酸二甲酯等多种有机产品,也是农药、医药的重要原料之一。

甲醇定位于未来清洁能源之一,可代替汽油作燃料使用。可以以天然气、石油和煤作为主要原料生产甲醇。煤制甲醇主要由煤炭气化、原料气净化、甲醇合成、产品精制等部分组成。

煤炭气化是甲醇生产的首要环节。气化工艺及气化炉设备可按压力、气化剂、供热方式等分类。按照炉内煤炭与气化剂接触方式来分类,可以分为固定床、流化床与移动床三种主要形式。德国鲁奇、美国德士古、荷兰壳牌技术、德国 GSP 技术等煤气化技术已先后进入中国市场并有较好业绩。按照操作压力,甲醇合成工段可以分为高压工艺(30MPa,300~400℃)、中压工艺(10MPa,230~290℃)和低压工艺(5MPa,210~280℃)三种。目前,呈现由高压向中压、低压发展趋势。本实验利用仿真技术模拟了低压、铜基催化甲醇合成工艺。通过该仿真实验学习,要求:

(1) 了解 CO、CO_2 催化氢化合成甲醇反应的基本原理,熟悉原料及产品的物化特性;
(2) 掌握低压下甲醇合成工艺流程基本组成;
(3) 掌握生产中典型设备的结构及运行原理;
(4) 了解厂区的车间分布和工艺流程;
(5) 掌握仿真软件的操作要领,熟练完成甲醇合成工段操作任务。

二、反应原理

采用 CO、CO_2 加压催化氢化法合成甲醇,合成塔内主要化学反应为:

$$CO_2 + 3H_2 \rightleftharpoons CH_3OH + H_2O + 49 kJ/mol$$

$$CO + H_2O \rightleftharpoons CO_2 + H_2 + 41 kJ/mol$$

总反应式
$$CO + 2H_2 \rightleftharpoons CH_3OH + 90 kJ/mol$$

催化剂：铜基催化剂。
合成塔内压力：4.8～5.5MPa。
合成塔内温度：210～280℃。

三、原料及产品物理特性

甲醇生产过程中所用的原料及产品物理特性详见表 17-1。

表 17-1　原料及产品理化性质一览表

H_2	沸点	−252.6℃	熔点	−259.2℃
	密度	0.089g/L	气液容积比	974L/L(15℃,100kPa)
	分子量	2.0157	临界温度	−234.8℃
	生产方法	电解水、裂解、煤制气等	临界压力	1664.8kPa
	三相点	−254.4℃	空气中的燃烧界限	5%～75%(体积分数)
	熔化热	48.84kJ/kg(−254.5℃,平衡态)	表面张力	3.72mN/m(−252.8℃,平衡态)
	热值	$1.4×10^8$ J/kg	比热比	$C_p/C_v=1.40$(101.325kPa,25℃,气体)
	爆炸级别	1	易燃级别	4
CO	中文名称	一氧化碳	分子量	28.01
	英文名称	Carbon monoxide	CAS 编号	630-08-0
	熔点	−119.1℃	沸点	−191.4℃
	临界温度	−140.2℃	临界压力	3.5MPa
	引燃温度	610℃	闪点	<−50℃
	爆炸上限	74.2%(体积分数)	爆炸下限	12.5%(体积分数)
	健康危害	与 O_2 相比,CO 与血红蛋白结合能力强,且结合后不易分离,使血红蛋白失去输送 O_2 的能力,引起人缺氧,严重时窒息死亡		
	环境危害	对水体、土壤、大气造成污染		
	防护措施	佩戴防毒面具		
	急救措施	(1)将病人转移到空气清新处,并开窗通风。松开病人的衣裤,保持呼吸道通畅。呼吸、心跳停止的应立即进行心肺复苏 (2)立即吸氧,加速碳氧血红蛋白的解离,促进一氧化碳的排出 (3)若病人昏迷时间较长,高热或频繁抽搐,可头部降温 (4)立即送医治疗		
CO_2	中文名称	二氧化碳	分子量	44.01
	英文名称	Carbon dioxide	CAS 编号	124-38-9
	熔点	−56.6℃	沸点	−78.5℃(升华)
	临界温度	31℃	临界压力	7.39MPa
	毒性	无数据		
	防护	高浓度接触时佩戴空气呼吸器		

续表

	中文名称	甲醇	分子量	34.01
	英文名称	Methyl alcohol	CAS 编号	67-56-1
	熔点	−97.8℃	沸点	−64.8℃
	相对密度(水=1)	0.79	饱和蒸气压	13.33kPa(21.2℃)
CH_3OH	临界温度	240℃	临界压力	7.95MPa
	引燃温度	385℃	闪点	11℃
	爆炸上限	44.0%(体积分数)	爆炸下限	5.5%(体积分数)
	溶解性	溶于水、醇、醚	燃烧热	727.0kJ/mol
	急性毒性	大鼠经口 LD_{50}:5628mg/kg;大鼠吸入 LC_{50}:83776mg/m³,4h		
	防护	佩戴防毒面具;穿防静电工作服;戴橡胶手套		

四、工艺流程

1. 合成工段

低压下合成甲醇合成工段总图如图 17-1 所示。主要设备及其性能见表 17-2。

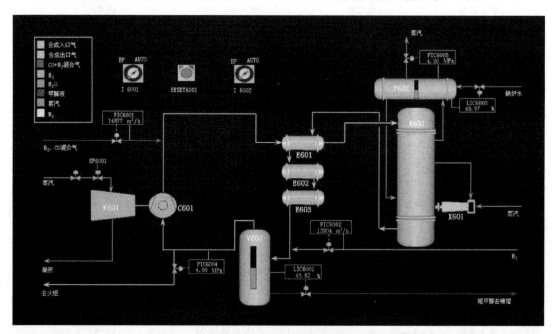

图 17-1　甲醇合成工段总图

表 17-2　主要生产设备及其性能

设备名称	设备位号	性能
蒸汽透平	K601	功率 655kW,最大蒸汽量 10.8t/h,最大压力 3.9MPa,正常工作转速 13700r/min,最大转速 14385r/min
循环气压缩机	C601	压差约 0.5MPa,最大压力 5.8MPa

续表

设备名称	设备位号	性能
甲醇分离器	V602	直径1.5m,高5m,最大允许压力5.8MPa,正常温度40℃,最高温度100℃
精制水预热器	E602	对出E601的合成塔出口气体进一步冷却,同时产生高温精制水
中间换热器	E601	利用合成塔出口气体(250℃)的热量,将合成塔的入口气体预热至225℃
最终冷却器	E603	合成塔出口气体最终被冷却至40℃
甲醇合成塔	R601	列管式冷激塔,直径2m,高10m,最大允许压力5.8MPa,正常工作压力5.2MPa,正常温度255℃,最高温度280℃
汽包	F601	直径1.4m,长度5m,最大允许压力5.0MPa,正常工作压力4.3MPa,正常温度250℃,最高温度270℃
开工喷射器	X601	给合成塔提供热量,使催化剂达到活性温度以上

蒸汽透平(K601)带动压缩机(C601)运转,提供循环气连续运转的动力,并同时向循环系统中补充H_2和混合气(CO与H_2),使合成反应可连续进行。反应放出的大部分热量通过蒸汽包(V601)移走,合成塔入口气在中间换热器(E601)中被合成塔出口气预热至225℃后进入合成塔(R601),合成塔出口气由255℃依次经中间换热器(E601)、精制水预热器(E602)、最终冷却器(E603)换热降温至40℃,再与补加的H_2混合后进入甲醇分离器(V602),分离出的粗甲醇送往精馏系统进行精制,气相的一小部分送往火炬,气相的大部分作为循环气送至C601,被压缩的循环气与补加的混合气混合后经E601进入反应器R601。

2. 合成系统

甲醇合成系统现场图及DCS图分别如图17-2和图17-3所示。反应器R601为系统核心。为维持反应温度,还需E601、E602、E603、汽包F601与开工喷射器X601。反应器温度主要通过F601调节。如果反应器温度较高并且升温速度较快,应将汽包蒸汽出口开大,增加蒸汽采出量,同时降低汽包压力,使反应器温度降低或升温速度变小;如果反应器的温度较低并且升温速度较慢,应将汽包蒸汽出口关小,减少蒸汽采出量,慢慢升高汽包压力,使反应器温度升高或降温速度变小;如果反应器温度仍然偏低或降温速度较大,可通过开启X601来调节。

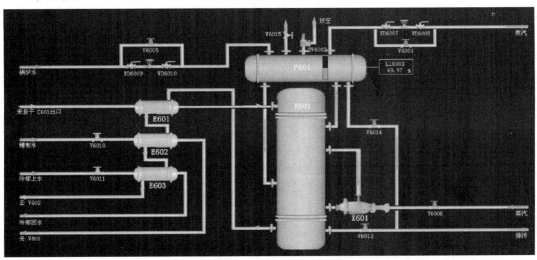

图17-2 甲醇合成系统现场图

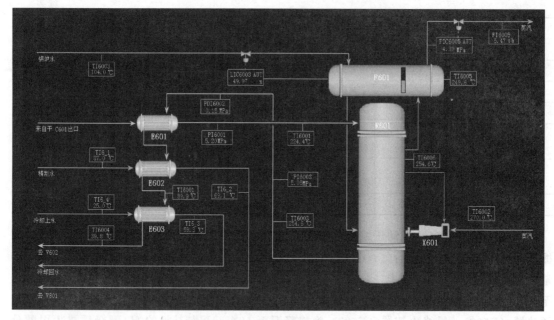

图 17-3 甲醇合成系统 DCS 图

3. 压缩系统

压缩系统现场图及 DCS 图分别如图 17-4 和图 17-5 所示。系统压力主要靠混合气入口量 FIC6001、H_2 入口量 FIC6002、放空量 PIC6004 以及甲醇在分离罐中的冷凝量来控制；在原料气进入反应塔前有一安全阀，当系统压力高于 5.7MPa 时，安全阀会自动打开，当系统压力降回 5.7MPa 以下时，安全阀自动关闭，从而保证系统压力不至过高。通过调节循环气量和混合气入口量使反应入口气中 H_2/CO（体积比）在 7～8 之间，同时通过调节 FIC6002，使循环气中 H_2 的含量尽量保持在 79% 左右，同时逐渐增加入口气的量直至正常（FIC6001 的正常量为标况下 14877m^3/h，FIC6002 的正常量为标况下 13804m^3/h），达到正常后，新鲜气中 H_2 与 CO 之比（FFI6002）在 2.05～2.15 之间。

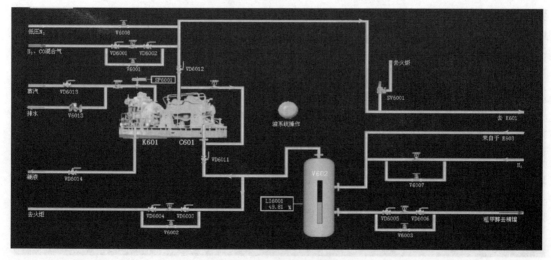

图 17-4 压缩系统现场图

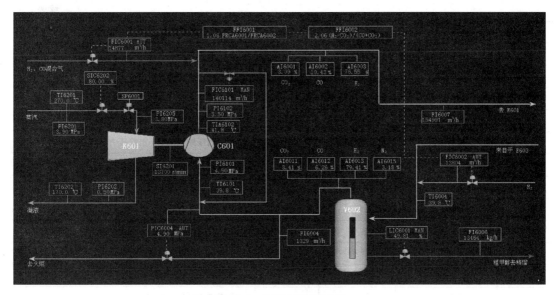

图 17-5 压缩系统 DCS 图

五、主要工艺控制指标

1. 控制指标

甲醇合成工段主要控制指标见表 17-3。

表 17-3 主要控制指标

序号	位号	正常值	单位	说明
1	FIC6101		m^3/h	压缩机 C601 防喘振流量控制
2	FIC6001	14877（标况）	m^3/h	H$_2$、CO 混合气进料控制
3	FIC6002	13804（标况）	m^3/h	H$_2$ 进料控制
4	PIC6004	4.9	MPa	循环气压力控制
5	PIC6005	4.3	MPa	汽包 F601 压力控制
6	LIC6001	50	%	分离罐 V602 液位控制
7	LIC6003	50	%	汽包 F601 液位控制
8	SIC6202	50	%	透平 K601 蒸汽进量控制

2. 主要仪表

主要仪表见表 17-4。

表 17-4 主要仪表

序号	位号	正常值	单位	说明
1	PI6201	3.9	MPa	蒸汽透平 K601 蒸汽压力
2	PI6202	0.5	MPa	蒸汽透平 K601 进口压力
3	PI6205	3.8	MPa	蒸汽透平 K601 出口压力

续表

序号	位号	正常值	单位	说明
4	TI6201	270	℃	蒸汽透平 K601 进口温度
5	TI6202	170	℃	蒸汽透平 K601 出口温度
6	SI6201	13700	r/min	蒸汽透平转速
7	PI6101	4.9	MPa	循环气压缩机 C601 入口压力
8	PI6102	5.5	MPa	循环气压缩机 C601 出口压力
9	TI6101	40	℃	循环气压缩机 C601 进口温度
10	TI6102	42	℃	循环气压缩机 C601 出口温度
11	PI6001	5.2	MPa	合成塔 R601 入口压力
12	PI6003	5.05	MPa	合成塔 R601 出口压力
13	TI6011	225	℃	合成塔 R601 进口温度
14	TI6003	255	℃	合成塔 R601 出口温度
15	TI6006	255	℃	合成塔 R601 温度
16	TI6001	90	℃	中间换热器 E601 热物流出口温度
17	TI6004	40	℃	分离罐 V602 进口温度
18	FI6006	13904	kg/h	粗甲醇采出量
19	FI6005	5.5	t/h	汽包 F601 蒸汽采出量
20	TI6005	250	℃	汽包 F601 温度
21	PDI6002	0.15	MPa	合成塔 R601 进出口压差
22	AI6011	3.5	%	循环气中 CO_2 的含量
23	AI6012	6.29	%	循环气中 CO 的含量
24	AI6013	79.31	%	循环气中 H_2 的含量
25	FFI6001	1.07		混合气与 H_2 体积流量之比
26	TI6002	270	℃	喷射器 X601 入口温度
27	TI6012	104	℃	汽包 F601 入口锅炉水温度
28	LI6001	50	%	分离罐 V602 现场液位显示
29	LI6003	50	%	分离罐 V602 现场液位显示
30	FFI6002	2.05~2.15		新鲜气中 H_2 与 CO 比

3. 主要阀门

主要阀门见表 17-5。

表 17-5 主要阀门

序号	位号	说明	序号	位号	说明
1	VD6001	FIC6001 前阀	5	VD6005	LIC6001 前阀
2	VD6002	FIC6001 后阀	6	VD6006	LIC6001 后阀
3	VD6003	PIC6004 前阀	7	VD6007	PIC6005 前阀
4	VD6004	PIC6004 后阀	8	VD6008	PIC6005 后阀

续表

序号	位号	说明	序号	位号	说明
9	VD6009	LIC6003 前阀	21	V6007	FIC6002 副线阀
10	VD6010	LIC6003 后阀	22	V6008	低压 N_2 入口阀
11	VD6011	压缩机前阀	23	V6010	E602 冷物流入口阀
12	VD6012	压缩机后阀	24	V6011	E603 冷物流入口阀
13	VD6013	透平蒸汽入口前阀	25	V6012	R601 排污阀
14	VD6014	透平蒸汽入口后阀	26	V6013	疏水阀
15	V6001	FIC6001 副线阀	27	V6014	F601 排污阀
16	V6002	PIC6004 副线阀	28	V6015	C601 开关阀
17	V6003	LIC6001 副线阀	29	SP6001	K601 入口蒸汽电磁阀
18	V6004	PIC6005 副线阀	30	SV6001	R601 入口气安全阀
19	V6005	LIC6003 副线阀	31	SV6002	F601 安全阀
20	V6006	开工喷射器蒸汽入口阀			

六、厂区布置

厂区内主要设备、生产车间、厂房的平面布置如图 17-6 所示，主要包括办公楼、安全教育厅、现场工具间、中控室、装置区、原料罐区、产品罐区、压缩机房、废气处理装置等。

图 17-6 甲醇合成工厂布局总貌图

七、实验任务

实验任务包括开车准备、冷态开车、正常停车、紧急停车，可根据教学内容从中选择一定岗位进行训练。

1. 开车准备

（1）开工应具备的条件

① 与开工有关的修建项目全部完成并验收合格。

② 设备、仪表及流程符合要求。

③ 水、电、汽、风及化验能满足装置要求。

④ 安全设施完善，排污管道具备投用条件，操作环境及设备要清洁整齐卫生。

（2）开工前的准备

① 仪表空气、中压蒸汽、锅炉给水、冷却水及脱盐水均已引入界区内备用。

② 盛装开工废甲醇的废油桶已准备好。

③ 仪表校正完毕。

④ 催化剂还原彻底。

⑤ 粗甲醇储槽皆处于备用状态，全系统在催化剂升温还原过程中出现的问题都已解决。

⑥ 净化运行正常，新鲜气质量符合要求，总负荷≥30%。

⑦ 压缩机运行正常，新鲜气随时可导入系统。

⑧ 本系统所有仪表再次校验，调试运行正常。

⑨ 精馏工段已具备接收粗甲醇的条件。

⑩ 总控现场照明良好，操作工具、安全工具、交接班记录、生产报表、操作规程、工艺指标齐备，防毒面具、消防器材按规定配好。

⑪ 微机运行良好，各参数已调试完毕。

2. 冷态开车

冷态开车由引锅炉水、N_2 置换、建立循环、H_2 置换充压、投原料气、反应器升温、调至正常等部分组成。

（1）引锅炉水

① 依次开启汽包 F601 锅炉水、控制阀 LIC6003、入口前阀 VD6009，将锅炉水引进汽包；

② 当汽包液位 LIC6003 接近 50% 时，投自动，如果液位难以控制，可手动调节；

③ 汽包设有安全阀 SV6002（当汽包压力 PIC6005 超过 5.0MPa 时，安全阀自动打开），可保证汽包的压力不会过高，进而保证反应器的温度不会过高。

（2）N_2 置换

① 现场开启低压 N_2 入口阀 V6008（微开），向系统充 N_2；

② 依次开启 PIC6004 前阀 VD6003、控制阀 PIC6004 后阀 VD6004，如果压力升高过快或降压过程降压速度过慢，可开副线阀 V6002；

③ 将系统中含氧量稀释至 0.25% 以下，在吹扫时，系统压力 PI6001 维持在 0.5MPa 附近，不能高于 1MPa；

④ 当系统压力 PI6001 接近 0.5MPa 时，关闭 V6008 和 PIC6004，进行保压；

⑤ 保压一段时间，如果系统压力 PI6001 不降低，说明系统气密性较好，可以继续进行生产操作；如果系统压力 PI6001 明显下降，则要检查各设备及其管道，确保无问题后再进行生产操作（仿真中为了节省操作时间，保压 30s 以上即可）。

(3) 建立循环

① 手动开启 FIC6101,防止压缩机喘振,在压缩机出口压力 PI6101 示数大于系统压力,且压缩机运转正常后关闭;

② 开启压缩机 C601 入口前阀 VD6011;

③ 开透平 K601 前阀 VD6013、控制阀 SIC6202、后阀 VD6014,为循环气压缩机 C601 提供运转动力,调节控制阀 SIC6202 使转速不致过大;

④ 开启 VD6012,投用压缩机;

⑤ 待压缩机出口压力 PI6102 大于系统压力 PI6001 后,开启压缩机 C601 后阀 VD6012,打通循环回路。

(4) H_2 置换充压 通 H_2 前,先检查含 O_2 量,若高于 0.25%(体积分数),应先用 N_2 稀释至 0.25% 以下再通 H_2。方法为:

① 现场开启 H_2 副线阀 V6007,进行 H_2 置换,使 N_2 的体积分数在 1% 左右;

② 开启控制阀 PIC6004,充压至 PI6001 为 2.0MPa,但不要高于 3.5MPa;

③ 关闭 H_2 副线阀 V6007 和压力控制阀 PIC6004。

(5) 投原料气

① 依次开启混合气入口前阀 VD6001、控制阀 FIC6001、后阀 VD6002;

② 开启 H_2 入口阀 FIC6002;

③ 按照体积比约为 1:1 的比例,将系统压力缓慢升至 5.0MPa 左右(但不要高于 5.5MPa),将 PIC6004 投自动,设定压力值为 4.90MPa。关闭 H_2 入口阀 FIC6002 和混合气控制阀 FIC6001,进行反应器升温。

(6) 反应器升温

① 开启开工喷射器 X601 的蒸汽入口阀 V6006,注意调节 V6006 的开度,使反应器温度 TI6006 缓慢升至 210℃;

② 开 V6010,投用换热器 E602;

③ 开 V6011,投用换热器 E603,使 TI6004 不超过 100℃;

④ 当 TI6004 接近 200℃,依次开启汽包蒸汽出口前阀 VD6007、控制阀 PIC6005、后阀 VD6008,并将 PIC6005 投自动,设为 4.3MPa,如果压力变化较快,可手动调节。

(7) 调至正常

① 反应开始后,关闭开工喷射器 X601 的蒸汽入口阀 V6006;

② 缓慢开启 FIC6001 和 FIC6002,向系统补加原料气。调节 SIC6202 和 FIC6001,使入口原料气中 H_2 与 CO 的体积比为 (7~8):1,随着反应的进行,逐步投料至正常(FIC001 约为标况下 14877m^3/h),FIC6001 为 FIC6002 的 1~1.1 倍,将 PIC6004 投自动,设为 4.90MPa;

③ 有甲醇产出后,依次开启粗甲醇采出现场前阀 VD6003、控制阀 LIC6001、后阀 VD6004,并将 LIC6001 投自动,设为 40%,若液位变化较快,可手动控制;

④ 如果系统压力 PI6001 超过 5.8MPa,系统安全阀 SV6001 会自动打开,若压力变化较快,可通过减小原料气进气量并开大放空阀 PIC6004 来调节;

⑤ 投料至正常后,循环气中 H_2 的含量能保持在 79.3% 左右,CO 含量达到 6.29% 左右,CO_2 含量达到 3.5% 左右,说明体系已基本达到稳态;

⑥ 体系达到稳态后,投用联锁,在 DCS 图上按 "V602 液位联锁"按钮和 "F601 液位

低联锁"按钮。

循环气的正常组成见表17-6。

表17-6 循环气的正常组成

组成	CO_2	CO	H_2	CH_4	N_2	Ar	CH_3OH	H_2O	O_2	高沸点物
体积分数/%	3.5	6.29	79.31	4.79	3.19	2.3	0.61	0.01	0	0

3. 正常停车

正常停车由停原料气、开蒸汽、汽包降压、R601降温、停压缩机C601/K601、停冷却水六部分组成。

(1) 停原料气

① 将FIC001改为手动，关闭，现场关闭FIC6001前阀VD6001、后阀VD6002；

② 将FIC6002改为手动，关闭；

③ 将PIC6004改为手动，关闭。

(2) 开蒸汽 开蒸汽阀V6006，投用X601，使TI6006维持在210℃以上，使残余气体继续反应。

(3) 汽包降压

① 残余气体反应一段时间后，关蒸汽阀V6006；

② 将PIC6005改为手动调节，逐渐降压；

③ 关闭LIC6003及其前后阀VD6010、VD6009，停锅炉水。

(4) R601降温

① 手动调节PIC6004，使系统泄压；

② 开启现场阀V6008，进行N_2置换，使$H_2+CO_2+CO<1\%$（体积分数）；

③ 保持PI6001在0.5MPa时，关闭V6008；

④ 关闭PIC6004；

⑤ 关闭PIC6004的前阀VD6003、后阀VD6004。

(5) 停压缩机C601/K601

① 关VD6012，停用压缩机；

② 逐渐关闭SIC6202；

③ 关闭现场阀VD6013；

④ 关闭现场阀VD6014；

⑤ 关闭现场阀VD6011。

(6) 停冷却水

① 关闭现场阀V6010，停冷却水；

② 关闭现场阀V6011，停冷却水。

4. 紧急停车

紧急停车由停原料气、停压缩机C601/K601、泄压、N_2置换四部分组成。

(1) 停原料气

① 将FIC6001改为手动，关闭，现场关闭FIC6001前阀VD6001、后阀VD6002；

② 将FIC6002改为手动，关闭；

③ 将 PIC6004 改为手动，关闭。

(2) 停压缩机 C601/K601

① 关 VD6012，停用压缩机；
② 逐渐关闭 SIC6202；
③ 关闭现场阀 VD6013；
④ 关闭现场阀 VD6014；
⑤ 关闭现场阀 VD6011。

(3) 泄压

① 将 PIC6004 改为手动，全开；
② 当 PI6001 降至 0.3MPa 以下时，将 PIC6004 关小。

(4) N_2 置换

① 开 V6008，进行 N_2 置换；
② 当 $CO+H_2<5\%$ 后，用 0.5MPa 的 N_2 保压。

5. 生产中常见事故

(1) 分离罐液位高或反应器温度高联锁

事故原因：V602 液位高或 R601 温度高联锁。

事故现象：分离罐 V602 的液位 LIC6001 高于 70%，或反应器 R601 的温度 TI6006 高于 270℃。原料气进气阀 FIC6001 和 FIC6002 关闭，透平电磁阀 SP6001 关闭。

处理方法：待联锁条件消除后，按"SP6001 复位"按钮，透平电磁阀 SP6001 复位；手动开启进料控制阀 FIC6001 和 FIC6002。

(2) 汽包液位低联锁

事故原因：F601 液位低联锁。

事故现象：汽包 F601 的液位 LIC6003 低于 5%，温度高于 100℃；锅炉水入口阀 LIC6003 全开。

处理方法：待联锁条件消除后，手动调节锅炉水入口控制阀 LIC6003 至正常。

(3) 混合气入口阀 FIC6001 阀卡

事故原因：控制阀 FIC6001 阀卡。

事故现象：混合气进料量变小，造成系统不稳定。

处理方法：开启混合气入口副线阀 V6001，将流量调至正常。

(4) 透平坏

事故原因：透平坏。

事故现象：透平运转不正常，循环气压缩机 C601 停。

处理方法：正常停车，修理透平。

(5) 催化剂老化

事故原因：催化剂失效。

事故现象：反应速率降低，各成分的含量不正常，反应器温度降低，系统压力升高。

处理方法：正常停车，更换催化剂后重新开车。

(6) 循环气压缩机坏

事故原因：循环气压缩机坏。

事故现象：压缩机停止工作，出口压力等于入口压力，循环不能继续，导致反应不正常。

处理方法：正常停车，修好压缩机后重新开车。

(7) 反应塔温度高报警

事故原因：反应塔温度高报警。

事故现象：反应塔温度 TI6006 高于 265℃但低于 270℃。

处理方法：

① 全开汽包上部 PIC6005 控制阀，释放蒸汽热量；

② 打开现场锅炉水进料旁路阀 V6005，增大汽包的冷水进量；

③ 将阀门 LIC6003 手动、全开，增大冷水进量；

④ 手动打开现场汽包底部排污阀 V6014；

⑤ 手动打开现场反应塔底部排污阀 V6012；

⑥ 待温度稳定下降之后，观察下降趋势，当 TI6006 在 260℃时，关闭排污阀 V6012；

⑦ 将 LIC6003 调至自动，设定液位为 50%；

⑧ 关闭现场锅炉水进料旁路阀门 V6005；

⑨ 关闭现场汽包底部排污阀 V6014；

⑩ 将 PIC6005 投自动，设定为 4.3MPa。

(8) 反应塔温度低报警

事故原因：反应塔温度低报警。

事故现象：反应塔温度 TI6006 高于 210℃但低于 220℃。

处理方法：

① 将锅炉水调节阀 LIC6003 调为手动，关闭；

② 缓慢打开喷射器入口阀 V6006；

③ 当 TI6006 温度为 255℃时，逐渐关闭 V6006。

(9) 分离罐液位高报警

事故原因：分离罐液位高报警。

事故现象：分离罐液位 LIC6001 高于 65%，但低于 70%。

处理方法：

① 打开现场旁路阀 V6003；

② 全开 LIC6001；

③ 当液位低于 50%之后，关闭 V6003；

④ 调节 LIC6001，稳定在 40%时投自动。

(10) 系统压力 PI6001 高报警

事故原因：系统压力 PI6001 高报警。

事故现象：系统压力 PI6001 高于 5.5MPa，但低于 5.7MPa。

处理方法：

① 关小 FIC6001 的开度至 30%，压力正常后调回；

② 关小 FIC6002 的开度至 30%，压力正常后调回。

(11) 汽包液位低报警

事故原因：汽包液位低报警。

事故现象：汽包液位 LIC6003 低于 10%，但高于 5%。

处理方法：

① 开现场旁路阀 V6005；

② 全开 LIC6003，增大入水量；

③ 当汽包液位上升至 50%，关现场 V6005；

④ LIC6003 稳定在 50%时，投自动。

八、操作方法

1. 菜单栏功能按钮介绍

如图 17-7 所示，菜单栏中有消息、设置、视角、演示、查找、对讲机功能按钮。

图 17-7　菜单栏功能按钮

（1）消息功能　左键点击"消息"功能按钮，弹出消息框（图 17-8），再点击一次，消息框退出。消息框中包含的内容有：角色之间的对话、操作设备记录等。所有消息在主场景区会即时显示，同时显示在消息框中。

图 17-8　消息窗口

点击左侧的"![]"图标可以查看操作设备的信息和对话信息；点击左侧的"![]"图标可以查看角色间的对话信息。

（2）设置功能　设置按钮暂无作用。

（3）视角功能　左键点击"视角"功能钮，弹出视角切换列表，再点击一次，视角列表关闭。通过选择视角列表中的视角，即可切换到相应的视角位置，此时的视角属于自由视角，可以通过空格键切换回人物的第三视角。

（4）演示功能　左键点击"演示"功能钮，会自动进行漫游演示，讲解整个厂区的车间分布和工艺流程，使学习者了解厂区全貌。演示过程中可以通过"Esc 键"退出。

（5）查找功能　左键点击"查找"功能钮，弹出"查找窗口"，再点击一次按钮，"查找窗口"关闭。在弹出界面中可以分别进行阀门设备与区域地点查找（图 17-9）。在阀门设备查找区域中选择要查找的设备后，点击"开始查找"，会在操作人物的上方出现一个红色箭头和文字说明，可以引导查找目标设备。在到达查找的相关设备所在的区域后，箭头和文字提示会自动消失。

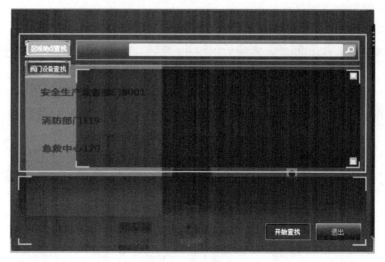

图 17-9　查找功能

（6）对讲机功能　左键点击"对讲机"功能钮，弹出"对讲机界面"，再点击一次按钮，"对讲机界面"关闭。在对讲机界面的左侧选择要汇报或通话的对象，在界面的右侧部分选择要汇报的内容。最后点击"发送"按钮即可完成汇报或通话。

2. 鼠标及键盘功能

（1）W 键、A 键、S 键、D 键分别代表向前、左、后、右移动。
（2）按住 Q 键、E 键可进行左转弯与右转弯。
（3）点击 R 键或功能钮中"走跑切换"按钮可控制角色进行走、跑切换。
（4）单击键盘空格键显示全场，再单击空格键回到现场。
（5）在全场图中，单击鼠标右键，可瞬移到点击位置（仅限于外操员）。
（6）按住鼠标左键，左、右或者前、后拖动，可改变视角。
（7）向前或者向后滑动鼠标滚轮可将视野拉近或者推远。

3. 操作阀门

控制角色移动到目标阀门附近，将鼠标悬停在阀门上，阀门闪烁，表明可以操作阀门；若距离较远，即使将鼠标悬停在阀门位置，阀门也不闪烁，不能操作。阀门操作信息在小地图上方区域即时显示，同时显示在消息框中。具体操作方法如下：

（1）左键双击闪烁阀门，进入操作界面，切换到阀门近景；
（2）点击操作界面上方操作框进行开、关操作，阀门手轮或手柄将有相应转动；
（3）按住上、下或者左、右方向键，以当前阀门为中心进行上、下或者左、右旋转操作；
（4）单击右键，退出阀门操作界面。

4. 查看仪表

控制角色移动到目标仪表附近，将鼠标悬停在仪表上，仪表闪烁，表明可以查看仪表；如果距离较远，即使将鼠标悬停在仪表位置，仪表也不闪烁，不能查看。具体操作方法如下：

（1）左键双击闪烁仪表，进入查看界面，并切换到仪表近景；
（2）在查看界面上方有提示框，提示当前仪表数值，与仪表面板数值对应；

(3) 按住上、下或左右方向键，以当前仪表为中心进行上、下或左、右旋转；

(4) 单击右键，退出仪表操作界面。

5. 拾取、佩戴、装配物品

用鼠标双击要拾取、佩戴或者装配的物品，则该物品装备到装备栏，或者直接佩戴装备到角色身上。

6. 学习安全条例

采用鼠标直接点击方式，走近安全条例展板，点击展板后，镜头自动切换到以当前展板为中心，可看清详细内容，并在展板上方有最小化、关闭按钮，完成一次点击关闭按钮，代表一个条例内容学习完毕。

7. 人物栏

操作界面左上角头像为当前控制的角色的头像如图17-10所示。角色名称下方为该角色生命值条，正常为红色，生命值减少到一定值，角色头像变灰，不能继续操作此角色。图17-11所示为生产中涉及人员头像，包括值班长、内操员、操作员1、操作员2、操作员3、操作员4。点击人物栏中的人物头像就可以控制相应的角色。

图 17-10 角色信息栏

图 17-11 人物栏

8. 工具箱

点击图17-10中角色信息栏血条下方的"装备"按钮，弹出图17-12所示的工具栏，工具栏中将显示出当前角色已佩戴或携带的所有工具。

装备栏分为三部分。左侧部分是显示当前角色穿戴的劳保用具（如安全帽、手套、防护服、防护鞋），通过鼠标右击装备可以摘除至右侧的背包栏中；中间一列为当前角色所配备的工具（如巡检仪等），通过鼠标右击装备可以摘除至右侧的背包栏中；右侧为人物背包中所携带的物品（如警戒带、安全帽、手套等），通过鼠标左键点击即可佩戴该装备或配备该工具。

九、实验结果

1. 说明甲醇合成反应原理。
2. 绘制甲醇合成工段总图。

图 17-12　工具栏

十、思考题

1. 甲醇合成主要有哪些工艺？
2. 甲醇合成塔是如何完成反应温度控制的？反应器的主要形式有哪些？
3. 目前，甲醇合成工艺多为德国鲁奇、美国德士古、荷兰壳牌技术、德国GSP技术，作为中华学子，为了科技强国，为了我国"新质生产力"的提升，我们应该如何规划学习和工作？

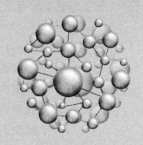

实验 18

聚丙烯工艺仿真实验

一、实验目的

聚丙烯（Polypropylene，缩写为 PP）是以丙烯为单体经配位聚合制得的高聚物，具有以下分子结构式：

$$\left[CH_2-\underset{\underset{CH_3}{|}}{CH} \right]_n$$

聚丙烯具有较好的热稳定性和流动性，且质量较轻，易于加工，可通过注塑、挤出和吹塑等方式进行加工，产品具有优良的耐腐蚀性、电绝缘性及力学性能，被广泛应用于包装、日用品、汽车、建筑材料、医疗器械等领域。

1954 年 G·Natta 对 Zieglar 催化体系进行重要改进，成功地将丙烯聚合成了具有高度立体规整度的等规聚丙烯（iPP）。1957 年意大利 Montecatini 公司建成了第一套生产装置，实现了聚丙烯的工业化生产。聚丙烯的合成工艺，从最传统的溶液聚合法、溶剂聚合法（又称淤浆法），发展到目前的液相本体法、气相法和本体法-气相法组合工艺。

丙烯液相本体与卧式釜气相本体组合式连续聚合工艺（简称 SPG），是中国石化集团上海工程有限公司自主开发成功的技术。丙烯进入装置后，先进入丙烯精制系统，达到聚合要求的丙烯与高效载体催化剂混合进入预聚釜，然后进入第一、第二反应釜进行淤浆聚合，再进入第三反应釜进行气相聚合。聚合物离开第三反应釜后进入旋风分离器进行固-气分离。气相进入丙烯油洗塔并经压缩后循环使用，聚合物经干燥、脱活后进入自动包装系统。SPG 工艺的反应系统适应能力强，具有装置可操作性好、安全性好，产品质量较好，投资低，运行成本低，综合能耗低等特点。

聚丙烯生产过程具有氮气置换、药剂漏液、安全阀跳起、喷孔堵塞、粉尘爆炸等危险性，对于学生现场实习具有一定的危险，聚丙烯聚合仿真实验弥补了学生无法亲自动手操作的不足。由北京东方仿真软件技术有限公司开发的基于 SPG 工艺的聚丙烯工艺仿真实验，可以帮助学生完成聚丙烯聚合工段的仿真实验学习。通过本仿真实验学习，应达到的实验目的与要求如下：
(1) 掌握聚丙烯聚合工段工艺冷态开车过程；
(2) 掌握聚丙烯聚合工段工艺正常操作过程；
(3) 掌握聚丙烯聚合工段工艺正常停车过程；
(4) 了解聚丙烯聚合工段工艺常见事故处理。

二、丙烯聚合反应原理和工艺流程

1. 反应原理

丙烯聚合反应通常包含链引发、链增长、链转移和链终止等基本历程。

(1) 链引发

$$[cat]\!-\!CH_2\!-\!CH_3 + CH_2\!=\!CH(CH_3) \xrightarrow{k_1} [cat]\!-\!CH_2\!-\!CH(CH_3)\!-\!C_2H_5$$

$$[cat]\!-\!H + CH_2\!=\!CH(CH_3) \xrightarrow{k_2} [cat]\!-\!CH_2\!-\!CH(CH_3)$$

(2) 链增长

$$[cat]\!-\!CH_2\!-\!CH(CH_3)\!-\!C_3H_7 + nCH_2\!=\!CH(CH_3) \xrightarrow{k_p} [cat]\!-\!CH_2\!-\!CH(CH_3)\!-\![CH_2\!-\!CH(CH_3)]_n\!-\!C_3H_7$$

(3) 链终止

$$[cat]\!-\!CH_2\!-\!CH(CH_3)\!-\![CH_2\!-\!CH(CH_3)]_n\!-\!C_3H_7 \xrightarrow{k_3} [cat]\!-\!H + CH_2\!=\!C(CH_3)\!-\![CH_2\!-\!CH(CH_3)]_n\!-\!C_3H_7$$

此外，链转移包括烷基铝转移、氢转移和单体转移。

2. 工艺流程

SPG 工艺采用丙烯液相本体与卧式釜气相聚合相结合的生产方式，以高效载体催化剂为主催化剂、烷基铝为助催化剂、硅烷为给电子体，氢气作为分子量调节剂，炼厂丙烯精制后作为聚合单体，先后通过丙烯淤浆聚合、气相聚合最终得到均聚聚丙烯。

(1) 丙烯精制　丙烯经固碱脱水器粗脱水，经羟基硫水解器、脱硫器脱去羟基硫及硫化氢，经氧化铝脱水器、分子筛脱水器 2 条可互相切换的再脱水线，然后经过脱砷器、脱氧器进行精制。经上述精制处理后的丙烯进入丙烯罐，经丙烯加料泵打入聚合釜。

(2) 催化剂加料　高效载体催化剂系统由 A（Ti 催化剂）、B（三乙基铝），C（硅烷）组成。A 催化剂由加料器加入预聚釜。B 催化剂以 100% 浓度存放在计量罐中，经 B 催化剂计量泵加入预聚釜。C 催化剂在计量罐中用己烷配成 20% 的溶液，用计量泵打入预聚釜。

聚合反应在 A 催化剂的活性中心上发生，B 催化剂主要起烷基化作用，聚合反应时，三乙基铝将主催化剂的 Ti^{4+} 还原为 Ti^{3+}，形成 Ti-C 活性中心，丙烯单体在活性中心发生聚合反应。C 催化剂能够提供催化剂的立体定向性，改善催化体系的综合性能，达到调控聚合物性能的目的。

（3）聚合　丙烯与 A、B、C 催化剂先在预聚釜中进行预聚合反应，预聚合压力为 3.1~3.96MPa、温度低于 20℃。预聚后的产物依次进入第一、第二反应釜在液态丙烯中进行淤浆聚合，聚合压力为 3.1~3.96MPa，温度为 67~70℃。由第二反应釜排出的淤浆直接进入第三反应釜进行气相聚合，聚合压力为 2.8~3.2MPa、温度为 80℃。第三反应釜生成的产品直接排往下一工段。三个反应釜都配有 CO 钢瓶以备随时阻聚。

（4）后处理　经过气相反应釜反应后的产品需粉料干燥、汽蒸、丙烯回收和包装等后处理系统。

聚合物与未反应的丙烯离开第三反应釜进入旋风分离器，分离聚合物后的丙烯气相经洗涤进入丙烯回收塔，然后回到聚合系统。经旋风分离器分离下来的聚丙烯粉料依靠重力先后进入受料罐、干燥器。干燥器中的聚丙烯粉料脱除丙烯、己烷和其他挥发分，失活后送至包装系统。

三、仿真工艺流程

本实验是以聚丙烯生产装置聚合工段进行工艺仿真实验，属于 SPG 工艺中的丙烯聚合工段，工艺包括丙烯预聚合、丙烯淤浆聚合以及丙烯淤浆与气相的聚合三大部分。聚丙烯生产聚合工段仿真界面如图 18-1 所示。

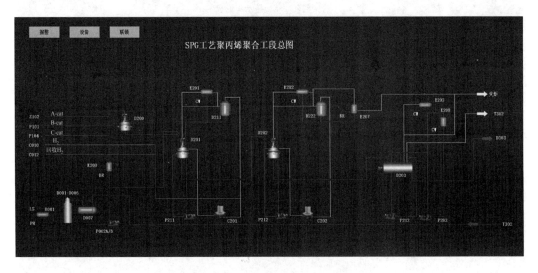

图 18-1　SPG 工艺聚丙烯聚合工段总图

丙烯预聚合现场如图 18-2 所示。丙烯预聚合 DCS 界面见图 18-3。
第一反应器现场图与 DCS 图分别见图 18-4、图 18-5。
第二反应器现场图与 DCS 图分别见图 18-6、图 18-7。
第三反应器现场图与 DCS 图分别见图 18-8、图 18-9。
设备启动现场图见图 18-10。运行状态图如图 18-11 所示。

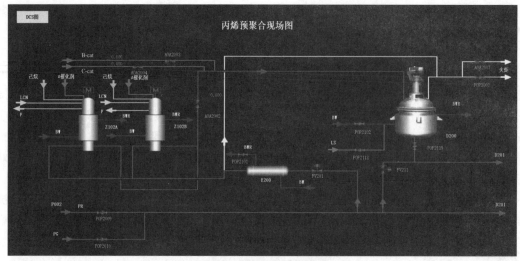

图 18-2　丙烯预聚合现场图

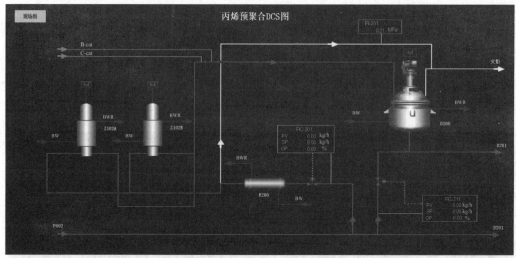

图 18-3　丙烯预聚合 DCS 图

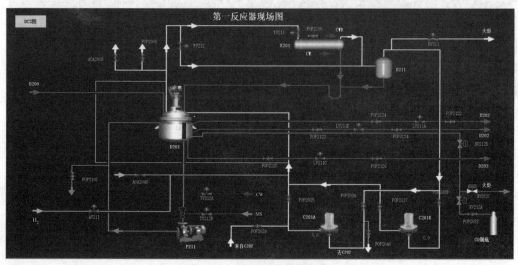

图 18-4　第一反应器现场图

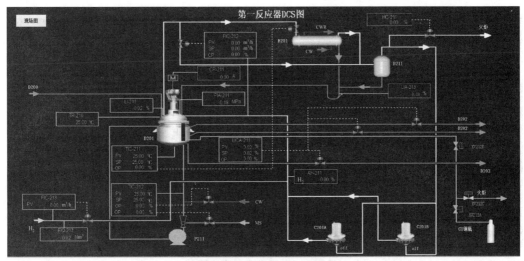

图 18-5　第一反应器 DCS 图

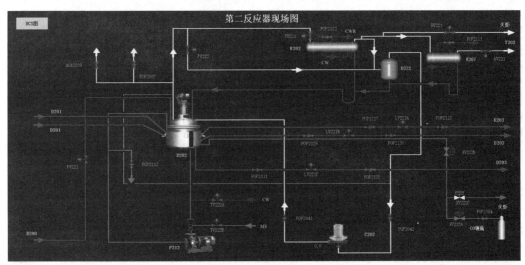

图 18-6　第二反应器现场图

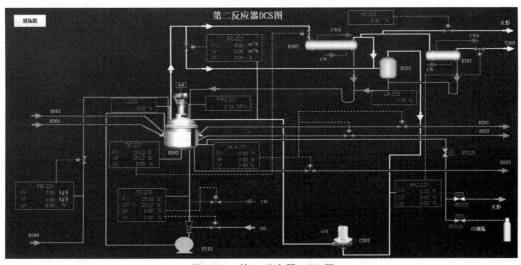

图 18-7　第二反应器 DCS 图

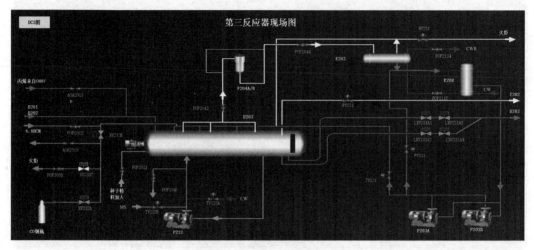

图 18-8　第三反应器现场图

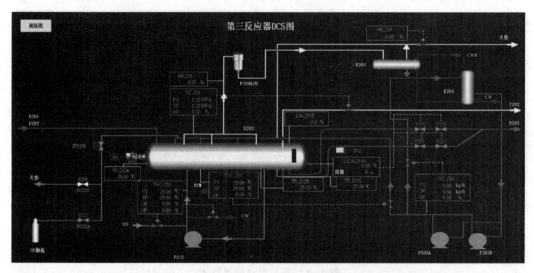

图 18-9　第三反应器 DCS 图

图 18-10　设备启动现场图

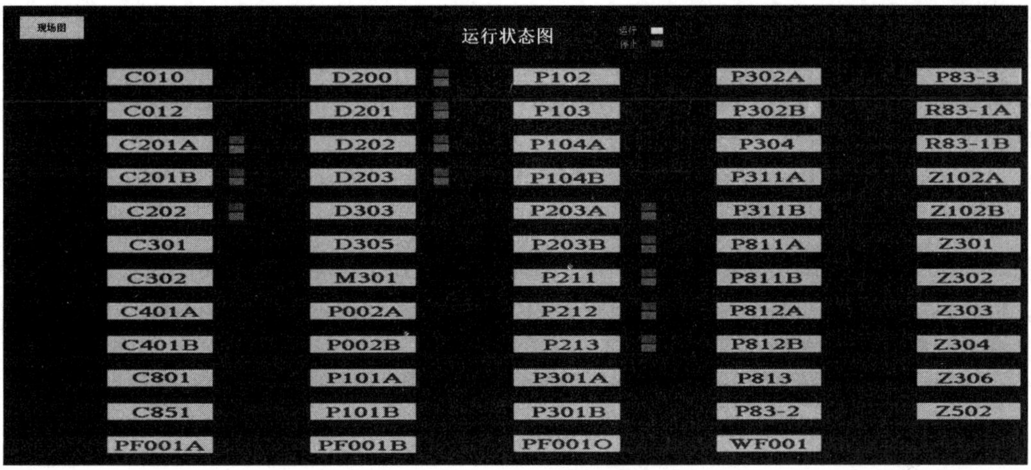

图 18-11 运行状态图

1. 工艺流程简介

（1）000 单元　丙烯原料的精制。

原料丙烯经 D001A/B 固碱脱水器粗脱水，经 D002 羰基硫水解器、D003 脱硫器脱去羰基硫及 H_2S，然后进入 2 条可互相切换的脱水、脱氧、再脱水的精制线：D004A/B 氧化铝脱水器、D005A/B Ni 催化剂脱氧器、D006A/B 分子筛脱水器，经上述精制处理后的丙烯中水分脱至 10mg/L 以下，脱硫至 0.1mg/L 以下，然后进入丙烯罐 D007，经 P002A/B 丙烯加料泵打入聚合釜。

（2）100 单元　催化剂的配制与计量。

高效载体催化剂系统由 A（Ti 催化剂）、B（三乙基铝）及 C（硅烷）组成。A 催化剂由 A 催化剂加料器 Z102A/B 加入 D200 预聚釜。B 催化剂存放在 D101B 催化剂计量罐中，经 B 催化剂计量泵 P101A/B 加入 D200 预聚釜，B 催化剂以 100％浓度加入 D200。这样做的优点是可以降低干燥器入口挥发分的含量，但要特别注意管道的安装、验收要特别严格，因为一旦泄漏就会着火。C 催化剂的加入量非常小，必须先在 D110A/B、C 催化剂计量罐中配制成 15％的己烷溶液，然后用 C 催化剂计量泵 P104A/B 打入 D200。

（3）200 单元　丙烯聚合反应。

丙烯和 A、B、C 催化剂先在 D200 预聚釜中进行预聚合反应，预聚压力 3.1～3.96MPa，温度低于 20℃，然后依次进入第一、第二反应器（D201、D202），在液态丙烯中进行淤浆聚合，聚合压力 3.1～3.96MPa，温度为 67～70℃。由 D202 排出的淤浆直接进入第三反应器 D203 进行气相聚合，聚合压力 2.8～3.2MPa，温度 80℃。

（4）300 单元　丙烯回收及产品汽蒸干燥。

聚合物与丙烯气依靠自身的压力离开第三反应器 D203 进入旋风分离器 D301、D302-1、D302-2，分离聚合物之后的丙烯气相经油洗塔 T301 洗去低聚物、烷基铝、细粉料后，经压缩机 C301 加压与 D203 中未反应的丙烯一起，进入高压丙烯洗涤塔 T302，分离去烷基铝、氢气之后的丙烯回至丙烯罐 D007，T302 塔底的含烷基铝、低分子聚合物、己烷及丙烷成分较高的丙烯送至气分以平衡系统内的丙烯浓度，一部分重组分及粉料汽化后回至 T301 入口，T302 的气相进丙烯回收塔 T303 回收丙烯。

2. 工艺仿真范围

本单元仿真范围只包含 200 单元。装置仿真培训系统以仿真 DCS 操作为主，而对现场操作进行适当简化，以能配合内操（DCS）操作为准则，并能实现全流程的开工，正常运行，停工及事故处理操作；调节阀的前后阀及旁路阀如无特殊需要不做模拟；泵的后阀如无特殊需要不做模拟；对于一些现场的间歇操作（如化学药品配制等）不做仿真模拟；其中开工操作从各装置进料开始，假定进料前的开工准备工作全部就绪。

公用工程系统及其附属系统不进行过程定量模拟，只做部分事故定性仿真（如突然停水、电、汽、风；工艺联锁停车；安全紧急事故停车）；压缩机的油路和水路等辅助系统不做仿真模拟。所有公用工程部分：水、电、汽、风等均处于正常平稳状况。现场手动操作的阀、机、泵等，根据开车、停车、事故设定以及现场设备切换的需要等进行设计。现场应实现其基本操作及显示功能。

3. 主要设备及仪表正常工况参数表

丙烯聚合工段主要设备见表 18-1。丙烯聚合工段正常工况参数见表 18-2。

表 18-1 丙烯聚合工段主要设备表

序号	位号	名称
1	D200	预聚釜
2	D201	第一反应器
3	D202	第二反应器
4	D203	第三反应器
5	Z102A/B	混合器
6	E200	换热器
7	E201	冷却器
8	P211	夹套热媒循环泵

表 18-2 丙烯聚合工段正常工况参数表

仪表位号	标准设定值	项目名称
PI201	3.1/3.7MPa（表压）	D200 压力
FIC201	450kg/h	进 D200 丙烯总流量
PIA211	3.0/3.6MPa（表压）	D201 压力
FIC211	2050kg/h	进 D201 丙烯流量
FIC212	45m^3/h	进 D201 循环气流量
LICA211	45%	D201 液位
LI212	1848mm	D201 液位
LIA213	2000mm	D201 回流液管液位
TR210	70℃	D201 气相温度
TIC211	70℃	D201 液相温度
TIC212		P211 出口温度
HC211		D201 气相压力
ARC211	0.24%~9.4%	D201 气相色谱

续表

仪表位号	标准设定值	项目名称
XV212A/B/C		D201 加 CO
PIAS221	3.0/3.6MPa（表压）	D202 压力
FIC221		进 D202 丙烯流量
FIC222	40m³/h	进 D202 循环气流量
LICA221	45%	D202 液位
LI222	1848mm	D202 液位
LIA223	2000mm	D202 回流液管液位
TR220		D202 气相温度
TIC221	67℃	D202 液相温度
TIC222		P212 出口温度
HC221		D202 气相压力
ARC221	0.24%~9.4%	D202 气相色谱
XV222A/B/C		D202 加 CO
PIC231	2.8MPa（表压）	D203 压力
FIC233	15m³/h	P203A/B 出口流量
LICA231A	900mm	D203 料位
LI231B	900mm	D203 料位
TRC231	80℃	D203 温度
TR232A/B/C	80℃	D203 温度
TIC233		P213 出口温度
HC231		D203 压力
XV232A/B/C		D203 加 CO

四、实验任务

丙烯聚合工段仿真操作过程如下。

1. 装置冷态开工过程

（1）种子粉料加入 D203

① 启动种子粉料加入按钮；
② 料位 10% 后，关此阀；
③ 开高压氮气阀 POP2012 充压；
④ 当 D203 充压至 0.5MPa 时，关氮气阀；
⑤ 现场开 D203 气相至 E203 手阀，开 HC231 阀；
⑥ 放空至 0.05MPa 后，关 HV231；
⑦ 总控启动 D203 搅拌。

(2) 丙烯置换

① 引气态丙烯进系统 D200 置换；

② 现场启动气态丙烯进料阀；

③ 开 FC201 阀将丙烯引入 D200；

④ 压力达 0.5MPa 后关 FIC201 阀；

⑤ 开现场火炬阀放空至 0.05MPa；

⑥ 关现场火炬阀。

(3) D201 置换

① 开 FIC211 阀，将气态丙烯引入 D201；

② 开 FIC212 阀；

③ 开 C201A/B 入口阀；

④ 开 C201A/B 出口阀；

⑤ 启动 C201A/B，调节转速；

⑥ 当 PIA211 达到 0.5MPa 时，关 FIC211 阀；

⑦ 停 D201 风机；

⑧ 开 HC211 阀放空；

⑨ 放至 0.05MPa，关 HC211 阀。

(4) D202 置换

① 开 FIC221 阀，将气态丙烯引入 D202；

② 开 FIC222 阀；

③ 开 C202 入口阀；

④ 开 C202 出口阀；

⑤ 启动 C202，调整转速；

⑥ 当 PIAS221 达到 0.5MPa 时，关 FIC221 阀；

⑦ 停 C202 风机；

⑧ 开 HC221 阀放空；

⑨ 放至 0.05MPa，关 HC221 阀。

(5) D203 置换

① 现场开 D007 来气态丙烯阀；

② 充压至 0.5MPa 后，关此阀；

③ 开 HC231 阀，放空；

④ 放空至 PIC231 为 0.05MPa 后，关 HC231 阀；

⑤ 重新升压。

(6) D200 升压

① 开 FIC201 阀，升压；

② PI201 指示为 0.7MPa 后，关 FIC201 阀。

(7) D201 升压

① 开 FIC211 阀引气态丙烯；

② PIA211 指示为 0.7MPa 后，关 FIC211 阀。

(8) D202 升压

① 开 FIC221 阀引气态丙烯；

② PIAS221 指示为 0.7MPa 后，关 FIC221 阀。

(9) 向 D200 加液态丙烯

① 开液态丙烯进料阀；

② 开 E200BWR 入口阀；

③ 开 D200 夹套 BW 入口阀；

④ 开 FIC201 阀，引液态丙烯入 D200；

⑤ 启动 D200 搅拌；

⑥ 当 PI201 指示为 3.0 MPa 时，开现场釜底阀。

(10) 向 D201 加液态丙烯

① 开 FIC211 阀，向 D201 进液态丙烯；

② 启动 D201 搅拌；

③ 现场开 E201CWR 入口阀；

④ 开 LICA211A 一条线前后手阀；

⑤ 开 C201A 或 B 机入口阀；

⑥ 开 C201A 或 B 机出口阀；

⑦ 开 C201A 或 B 机；

⑧ 调整转速；

⑨ 调节 FCI212 为 45m³/h；

⑩ 开 MS 阀，釜底 TIC212 升温；

⑪ 调节 TIC211，控制釜温为 65℃。

(11) 向 D202 加液态丙烯

① 开 FIC221，向 D202 进液态丙烯；

② 启动 D202 搅拌；

③ 现场开 E202CWR 入口阀，开 E207CW 入口阀；

④ 开 C202 入口阀；

⑤ 开 C202 出口阀；

⑥ 启动 C202；

⑦ 调节转速；

⑧ 调节 FIC222 为 40m³/h；

⑨ 釜底 TIC222 升温，控制釜温为 60℃；

⑩ 调节 FIC221 冲洗进料量为 500kg/h。

(12) 向 D203 加液态丙烯

① 当 D202 出料至 D203 后，即为 D203 进液态丙烯；

② 开 E203CWR 入口阀；

③ 开 E208CWR 出口阀；

④ 启动 P213；

⑤ 开 MS 阀，釜底 TRC233 升温；

⑥ 调整 TRC231，控制釜温为 80℃；

⑦ 启动 P203A。

(13) 向系统加催化剂

① 现场调节 B-Cat 进反应釜 D200；

② 现场调节 C-Cat 进反应釜 D200；

③ 现场调节 A-Cat 进反应釜 D200。

2. 装置正常操作

丙烯聚合工段正常工况操作参数见表 18-2。

3. 装置正常停工过程

(1) 停催化剂进料

① 停 A 催化剂；

② 停 B 催化剂；

③ 停 C 催化剂；

④ 停止氢进入 D201。

(2) 维持三釜的平稳操作

① D201 夹套 CW 切换至 HW；

② 控制 D201 温度在 65~70℃；

③ D202 夹套 CW 切换至 HW；

④ 控制 D202 温度在 60~64℃；

⑤ D203 夹套 CW 切换至 HW；

⑥ 控制 D203 温度在 80℃左右。

(3) D201，D202 排料

① 关闭丙烯进料 FV201，FV211，FV221；

② 停 E200，D200 冷冻水；

③ D200 停搅拌；

④ 从 D201 向 D202 卸料；

⑤ 当 D201 倒空后，停止 D201 出料；

⑥ 停 D201 搅拌；

⑦ 停 C201，E201；

⑧ 从 D202 向 D203 卸料；

⑨ 当 D202 倒空后，停止 D202 出料；

⑩ 停 D202 搅拌；

⑪ 停 C202，E202，E207；

⑫ 当 D203 倒空后，关闭 LICA231A；

⑬ 停 P203，E203，E208；

⑭ 停 D203 搅拌；

⑮ 关闭 AV221，PV231。

(4) 放空

① 开 D200 放空阀；

② 开 D201 放空阀；

③ 开 D202 放空阀；

④ 开 D203 放空阀。

4. 事故处理

(1) 事故及处理方法。

丙烯聚合反应工段主要事故及处理方法如表 18-3 所示。

表 18-3 丙烯聚合反应工段主要事故及处理方法

序号	事故名称	事故现象	处理方法
1	停电	停电	紧急停车
2	停水	冷却水停	紧急停车
3	停蒸汽	蒸汽停	紧急停车
4	IA 停	仪表风停止供应,必须紧急停车,全系统联锁停车	紧急停车
5	原料中断	原料中断	紧急停车
6	氮气中断	造成干燥闪蒸单元不能正常操作	① 关闭 LICA231 阀,停止向干燥系统放料; ② D201 隔离进行自循环; ③ D202 隔离进行自循环; ④ D203 隔离进行自循环
7	低压密封油中断	低压密封油中断(LSO);P812A/B 停泵出口压力下降很大,各处流量指示(FG),压力指示(PG)下降	紧急停车
8	高压密封油中断	高压密封油中断	紧急停车
9	A-催化剂不上量	A-催化剂不上量	① 减小 FIC201 的进料量; ② 维持 D201 温度,压力控制
10	聚合反应异常	聚合反应异常	① 调整 A-催化剂的进料量,减小 A 催化剂的量; ② 适当增加 FIC201 的流量
11	D201 的温度压力突然升高	D201 的温度压力突然升高	① 提高 TIC212 的 CW 阀开度,减少蒸汽; ② 降低 FIC211 进料量
12	D203 的温度压力突然升高	D203 的温度压力突然升高	① 关闭 TRC231 前后手阀; ② 开副线阀调整流量
13	浆液管线不下料	浆液管线不下料	① 增大 TIC212 蒸汽量,提高夹套水温; ② D202 向 T302 泄压; ③ 最终调节 D201 与 D202 的压差为 0.2MPa
14	D201 液封突然消失	D201 液封突然消失	紧急停车
15	D201 搅拌停	D201 搅拌停	紧急停车
16	D201 ~ D202 间 SL 管线全堵	D201~D202 间 SL 管线全堵	① 现场开另一条 D201 至 D202 浆液调节阀前后手阀; ② 开 D201 至 D203 浆液线调节阀前后手阀

(2) 紧急停车步骤

① 打开全面停车联锁旁路;

② 现场 CO 截止阀关闭;

③ 控制 D201 温度在 65℃;

④ 控制 D202 温度在 60℃;

⑤ 保持 D201，D202 的压差；
⑥ 关闭 FIC201，FIC211；
⑦ 停 E200，D200 夹套冷冻水；
⑧ 当 D201 排净后，关闭 LICA211；
⑨ 停 C201，E201，开 HC211；
⑩ 排净 D202 后，关闭 LIC221；
⑪ 停 C202，E203，E207，开 HC221；
⑫ 当 D203 料位排完后，停止排料；
⑬ 停 P203，E203，E208；
⑭ 开 D203 放空阀 HC231。

(3) 自动保护系统

200 工段自动保护系统：

① 当 D201 压力 PIA211 超过 4.0MPa 时，发出联锁信号，HC211 阀门自动打开。

② 当 D202 压力 PIAS221 超过 4.0MPa 时，发出联锁信号，HC221 阀门自动打开。

③ 当 D201 因搅拌停止，压力和温度不正常升高或接受 D202 停车信号及全面停车信号时，发出联锁信号，相应阀门开始动作：FIC201 阀门关，FIC211 阀门关，ARC211（FIC213）阀门关，XV212A/B 阀门开，XV212C 关，TIC212B 关，TIC212A 开，LICA211 阀门关。

④ 当 D202 因搅拌停止，压力和温度不正常升高或接受 D203 停车信号及全面停车信号时，发出联锁信号，相应阀门开始动作：XV222A/B 阀门开，XV222C 阀门关，FIC221 阀门关，ARC221 阀门关，TIC222B（MS）阀门关，TIC222A（CW）阀门开，LICA221 阀门关，同时 D201 系统停车，FIC201、FIC211、ARC211、TIC212B、LIC211A 阀门关，TIC212A 阀门开。

⑤ 当 D203 因搅拌停止，压力和温度不正常升高或接受全面停车信号时，发出联锁信号，相应阀门开始动作：HC231 阀门开，LICA231A 阀门关，PIC231 阀门关，C301 停，XV232A/B 阀门开，XV232C 阀门关，TV233B 阀门关，TV233A 阀门开，同时 D201，D202 系统停车。

五、系统操作界面及特点

系统界面由四部分构成：DCS 操作界面、现场操作界面、联锁操作界面以及操作指导及评价系统界面。

1. DCS 操作界面

如图 18-12 所示，DCS 操作界面模拟了工厂控制室的控制界面，在 DCS 界面上可以对各控制器进行操作，并观测到各控制仪表的实时值。

2. 现场操作界面

如图 18-13 所示，现场操作界面模拟了工厂的现场操作，在现场操作界面上可以对只有在现场才可以操作的各阀门和设备进行操作，并观测到现场仪表的实测值。

3. 联锁操作界面

如图 18-14 所示，联锁操作界面模拟了工厂的联锁机柜，在联锁操作界面上可以对装置运行过程中需要的联锁状态进行调整。

第三部分 工艺仿真实验

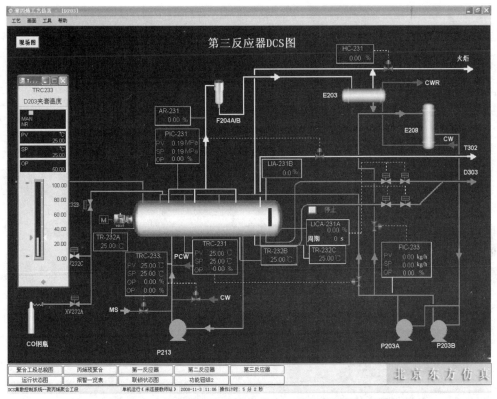

图 18-12 聚丙烯工艺仿真软件 DCS 操作界面及控制器

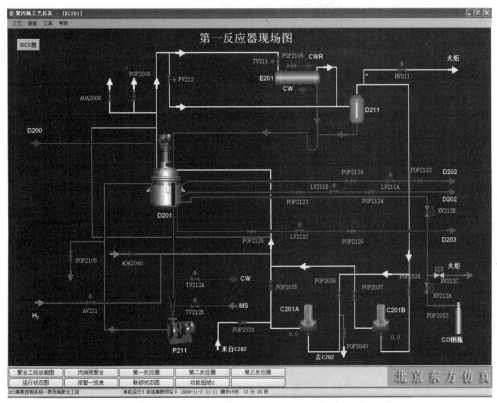

图 18-13 聚丙烯工艺仿真软件现场操作界面

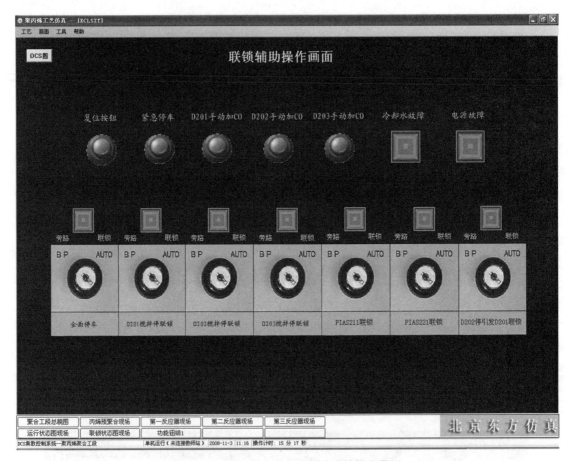

图 18-14 聚丙烯工艺仿真软件联锁操作界面

4. 操作指导及评价系统界面

如图 18-15 所示,操作指导及评价系统用于整个工艺流程操作中的步骤显示以及步骤和操作质量的评价。该系统在培训时完全开放,用于考核时可以将其屏蔽。

【注意】仿真实验操作前,应关闭 360 杀毒软件、windows 防火墙;采用火狐、谷歌、Microsoft edge 等浏览器;电脑键盘处于英文输入法状态。

六、实验结果

针对不同阶段实验要求,分别绘制 SPG 工艺聚丙烯聚合工段总图、丙烯预聚合及第一、第二和第三反应器的 DCS 图。

七、思考题

1. 分析链转移(包括烷基铝转移、氢转移和单体转移)的机理?
2. 丙烯聚合生产工艺有哪些?
3. 影响丙烯聚合反应快慢的因素有哪些?
4. 丙烯聚合反应进行过程中停止搅拌会出现什么情况?

图 18-15　聚丙烯工艺仿真软件操作指导及评价系统界面

5. 影响丙烯聚合反应产品质量的主要因素有哪些？

6. 通过完成本实验，谈谈你对化工仿真实验的心得体会。体会"互联网＋"的魅力。

7. 在这些烦琐而有序的操作中，你是否体会到了生产工艺流程、操作的科学性、严谨性，以及化工生产安全的重要性？

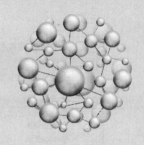

实验 19

巨介电陶瓷材料制备与表征虚拟仿真实验

一、实验目的

随着电子信息技术的飞速发展，电子元器件向大容量化、集成化、小型化的方向发展，而提高器件存储能力的关键因素之一是器件核心材料的介电常数要高，因此巨介电材料已变得越来越重要，开发具有高介电常数，低损耗和良好热稳定性的新型巨介电材料是目前一个具有实际应用价值的重要课题。所谓巨介电常数，通常定义为介电常数高于或等于 10^4 或 10^5 数量级。$ACu_3Ti_4O_{12}$（ACTO）材料是近年来研究较多的新型高介电常数材料，具有高介电常数，较低的介电损耗和优良的温度稳定性等特性，在储能和超级电容器方面具有潜在的应用价值。由于巨介电陶瓷制备实验操作繁杂，具有较高危险性，需高温实验环境，制备周期超长，表征仪器昂贵等问题，导致在本科教学中的相关实验无法顺利开展。由慕乐网络科技（大连）有限公司与渭南师范学院合作开发的巨介电陶瓷材料虚拟仿真软件，以 $La_{2/3}Cu_3Ti_4O_{12}$（LCTO）基巨介电陶瓷为研究对象，仿真了巨介电陶瓷材料的制备和表征过程，模拟了实验设备、仪器、药品、场景以及精密贵重仪器设备的操作过程。通过该仿真实验学习，要求：

（1）熟悉陶瓷的制备工艺过程；
（2）掌握获得制备陶瓷的最佳工艺；
（3）对比不同制备方法对陶瓷的结构和性能的影响；
（4）对比不同离子掺杂对陶瓷的结构和性能的影响。

二、反应原理

本仿真实验模拟溶胶-凝胶法和固相法制备巨介电陶瓷材料，碱金属离子掺杂 $La_{2/3}Cu_3Ti_4O_{12}$ 陶瓷材料。基本反应和原理如下。

1. 溶胶-凝胶法

溶胶-凝胶法（Sol-Gel 法）以金属醇盐的水解和聚合反应为基础，其反应过程通常用下列方程式表示。

水解反应：$M(OR)_n + xH_2O \longrightarrow M(OR)_{n-x}OH_x + xROH$

缩合-聚合反应：

失水缩合：　　　—M—OH+—M—OH ⟶ —M—O—M—+H_2O

失醇缩合：　　　—M—OR+—M—OH ⟶ —M—O—M—+ROH

2. 固相法

以固体为原料，经高温加热反应，控制好反应条件，制得陶瓷前驱体粉末。

3. A 位掺杂

通过碱金属离子掺杂 $La_{2/3}Cu_3Ti_4O_{12}$ 陶瓷中部分 La^{3+}，改变晶粒、晶界电阻的大小，可以有效提高陶瓷的介电常数，降低其介电损耗。

三、实验用试剂和仪器

1. 实验原料

本实验将选用 $La(NO_3)_3 \cdot 6H_2O$、$NaNO_3$、$LiNO_3$、KNO_3、$Cu(NO_3)_2 \cdot 3H_2O$ 和 $C_{16}H_{36}O_4Ti$ 作为原料，无水乙醇和去离子水作为溶剂，稀释硝酸、冰醋酸和氨水作为反应溶液中 pH 调节剂使用。实验所用原料和试剂如表 19-1 所示。

表 19-1　实验所用原料和试剂

试剂名称	级别	纯度	厂家来源
$La(NO_3)_3 \cdot 6H_2O$	分析纯	99.00%	国药集团化学试剂有限公司
$Cu(NO_3)_2 \cdot 3H_2O$	分析纯	99.00%	国药集团化学试剂有限公司
$C_{16}H_{36}O_4Ti$	分析纯	99.00%	国药集团化学试剂有限公司
$NaNO_3$	分析纯	99.00%	国药集团化学试剂有限公司
$LiNO_3$	分析纯	99.00%	国药集团化学试剂有限公司
KNO_3	分析纯	99.00%	国药集团化学试剂有限公司
TiO_2	高纯	99.99%	北京蒙泰有研技术开发中心
CuO	分析纯	99.00%	国药集团化学试剂有限公司
Na_2CO_3	分析纯	99.8%	上海虹光化工厂有限公司
La_2O_3	分析纯	99.00%	国药集团化学试剂有限公司
无水乙醇	分析纯	99.00%	西安化工试剂厂
硝酸,冰醋酸,氨水	分析纯	99.00%	西安化工试剂厂
去离子水			自制

2. 实验器材

本实验采用器材和设备有烧杯，压片模具，球磨机，电子天平，鼓风干燥箱，磁力加热搅拌器，马弗炉，X 射线衍射仪，LCR 阻抗分析仪，扫描电子显微镜，同步热重分析仪。

四、工艺流程

1. 溶胶-凝胶法

陶瓷粉体的制备过程如图 19-1 所示。按照材料的组分化学计量比，首先将 $La(NO_3)_3 \cdot 6H_2O$，$Cu(NO_3)_2 \cdot 3H_2O$ 和 $C_{16}H_{36}O_4Ti$ 分别溶解在乙醇中，$NaNO_3$、$LiNO_3$、KNO_3

溶于乙醇和去离子水的混合溶液中，最后将溶液混合，调节 pH 值，继续反应形成溶胶，陈化，然后将形成的凝胶干燥，最后预烧形成相应陶瓷前驱体粉末。

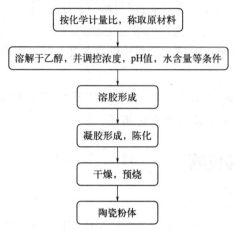

图 19-1　溶胶-凝胶法制备陶瓷粉体的工艺路线

2. 固相法

本实验选用 La_2O_3、TiO_2、Na_2CO_3、CuO 为原料。按照设计材料组分化学计量比，计算所需各物质质量，并将称量好的药品放入球磨罐中，无水乙醇作为介质用，利用行星球磨机球磨，取出球磨后的湿料干燥，最后将手工磨细的干粉预烧形成相应陶瓷前驱体粉末。固相法制备陶瓷粉体的工艺路线见图 19-2。

3. 陶瓷样品的制备工艺

陶瓷样品的制备工艺如图 19-3 所示。将陶瓷粉料放入研钵中研磨，得到细小均匀的预烧陶瓷粉体，加入黏合剂进行造粒。然后用干压法将粉体压制成圆片，进行陶瓷烧结，最后获取陶瓷样品。为了测试陶瓷的电性能需对陶瓷样品镀银，具体操作为：打磨抛光、清洗、烘干，在两面涂敷银装，烧渗银电极，测试陶瓷样品的电性能。

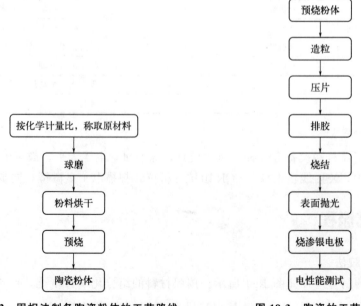

图 19-2　固相法制备陶瓷粉体的工艺路线　　　图 19-3　陶瓷的工艺流程

五、实验任务

1. 溶胶-凝胶法制备 $La_{2/3}Cu_3Ti_4O_{12}$ 陶瓷材料的结构和介电性能研究

本实验采用溶胶-凝胶法制备 $La_{2/3}Cu_3Ti_4O_{12}$（LCTO-SG）陶瓷，优化制备工艺，研究材料结构和性能与制备工艺之间的联系。

（1）溶胶-凝胶法制备陶瓷材料。

① 按照材料的组分化学计量比（La：Cu：Ti＝0.005：0.0225：0.03），计算所需要 $La(NO_3)_3 \cdot 6H_2O$、$Cu(NO_3)_2 \cdot 3H_2O$、$C_{16}H_{36}O_4Ti$ 的质量。实验称取原料的仿真界面如图 19-4 所示。

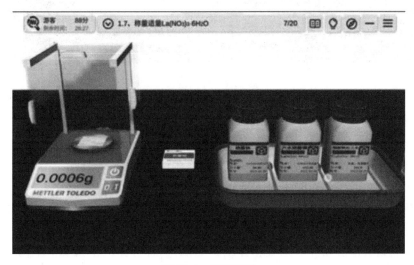

图 19-4　称取原料

② 用电子天平称取 $La(NO_3)_3 \cdot 6H_2O$ 和 $Cu(NO_3)_2 \cdot 3H_2O$，溶解在盛有 10mL 乙醇溶液中（形成溶液 A）。溶解、形成溶液的仿真界面如图 19-5、图 19-6 所示。

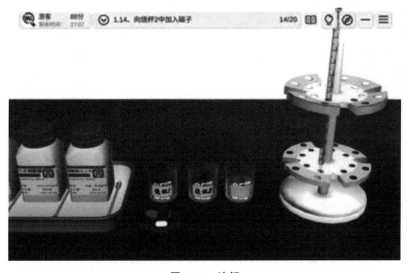

图 19-5　溶解

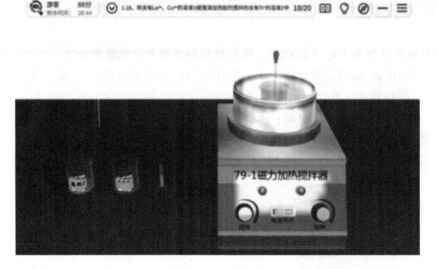

图 19-6　形成溶液

③ 利用移液管取 $C_{16}H_{36}O_4Ti$ 溶解在 10mL 乙醇中（形成溶液 B）。

④ 最后将含有 La^{3+}、Cu^{2+}、Ti^{4+} 的溶液混合（室温水浴下，在剧烈搅拌下将溶液 A 缓慢滴入溶液 B 中，并用 4mL 乙醇冲洗 A 溶液烧杯）。

（2）探讨不同溶胶条件对陶瓷粉体结构的影响。

系统地研究溶胶条件（Ti^{4+} 浓度、溶液 pH、水含量等）对 LCTO 粉体结构的影响，从而诱导对陶瓷介电性能的影响，确定最佳溶胶条件。实验仿真界面如图 19-7～图 19-10 所示。选择"是否研究溶胶条件对陶瓷粉体结构影响"，若选择"是"，研究溶胶条件（Ti^{4+} 浓度、溶液 pH、水含量等）对 LCTO 陶瓷粉体结构影响，继续搅拌混合液，反应形成溶胶，停止搅拌，静置 2～4h 形成凝胶。确定最佳溶胶条件和最佳干燥与预烧温度和时间。

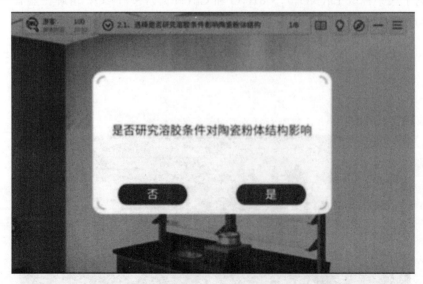

图 19-7　选择溶胶调节对陶瓷粉体结构影响

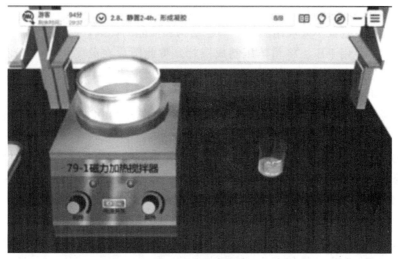

图 19-8　形成凝胶

图 19-9　将凝胶置于鼓风干燥箱

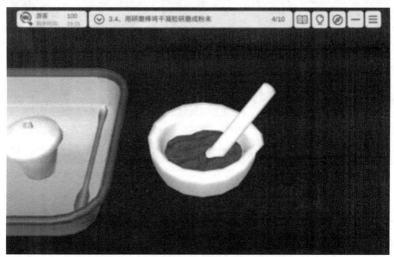

图 19-10　用研磨棒将凝胶研磨成粉末

（3）造粒压片及烧结制片。

设置烧结温度，观察不同烧结温度对陶瓷结构和性能的影响，调整实验获得最佳烧结参数，具体操作如下：用干压法将粉体压制成圆片，将此圆片在温度1060～1120℃，保温时间在2.5～20h进行陶瓷烧结，最后获取陶瓷样品。采用砂纸对陶瓷片进行打磨抛光，将陶瓷片放入烘箱中烘干，两面涂敷银浆，于840℃烧渗银电极。

最终得出最优调节条件（LCTO-SG陶瓷的烧结温度为1105℃、烧结时间15h时，陶瓷具有较优的介电性能和好的微观结构）。

（4）XRD表征　使用XRD表征技术，分析对比不同条件下制备的陶瓷材料的XRD谱图，研究溶胶条件、预烧温度、烧结温度、烧结时间等因素对LCTO-SG陶瓷结构的影响。

（5）SEM表征　利用喷金、氮气吹扫，及SEM表征技术，分析对比不同条件下LCTO-SG陶瓷的SEM图片，研究相关因素对其结构的影响。

（6）介电常数测定　分析保温时间烧结温度及时间对LCT-SG陶瓷结构和性能的影响，探讨制备LCTO-SG陶瓷的最佳工艺。

2. 固相法制备 $La_{2/3}Cu_3Ti_4O_{12}$ 陶瓷材料的结构和介电性能研究

本实验选用 La_2O_3、TiO_2、Na_2CO_3 和 CuO 为原料，利用固相法制备 $La_{2/3}Cu_3Ti_4O_{12}$ 陶瓷材料 CLCTO-SS），并对陶瓷材料进行表征测试。

（1）固相法制备陶瓷材料　如图19-11所示，按照设计材料组分化学计量比，称量好 La_2O_3、TiO_2、Na_2CO_3 和 CuO 等药品，将称量好的药品放入球磨罐中（图19-12），以无水乙醇作为介质，利用行星球磨机球磨10h后，取出球磨后的湿料置于80℃下干燥72h。将干燥后的粉料通过手工研磨成均匀的细干粉，将干粉在900～980℃温度下预烧10h形成相应陶瓷前驱体粉末。

图 19-11　称取原料

（2）造粒压片及烧结制片

① 造粒压片。将上述预烧后的粉料放入研钵中研磨，得到细小均匀的预烧陶瓷粉体，加入黏合剂PVA（质量分数为5%）进行造粒，用干压法将粉体压制成圆片（直径15mm）。

图 19-12 打磨抛光

② 烧结制片。将此圆片在温度 1060~1120℃，保温时间在 2.5~20h 进行陶瓷烧结，最后获取陶瓷样品。采用砂纸对陶瓷片进行打磨抛光、清洗、将陶瓷片放入 85℃的烘箱中烘干，两面涂敷银浆，于 840℃烧渗银电极。

(3) XRD 表征　如图 19-13 所示，将制备的样品压片。在图 19-14 所示界面下使用 XRD 表征技术，分析对比研究溶胶-凝胶法、固相法制备 $La_{2/3}Cu_3Ti_4O_{12}$ 陶瓷材料中，不同制备方法对陶瓷材料结构的影响。

图 19-13 压片

(4) SEM 表征　利用喷金、氮气吹扫，及 SEM 表征技术，对比研究溶胶-凝胶法、固相法制备的陶瓷材料微观结构的影响。如图 19-15 所示。

(5) 介电常数测定

如图 19-16 所示，观察不同制备方法对陶瓷结构和性能的影响，探讨制备 LCTO 陶瓷的最佳方案。

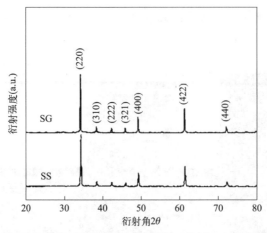

图 19-14 烧结温度 1105℃，保温 15h 下的 LCTO-SG 和 LCTO-SS 陶瓷的 XRD 图谱

图 19-15 LCTO-SG（a）和 LCTO-SS（c）粉末及 LCTO-SG（b）和 LCTO-SS（d）陶瓷表面的 SEM 图片

3. 碱金属离子掺杂 $La_{2/3}Cu_3Ti_4O_{12}$ 陶瓷材料的结构和介电性能研究

（1）碱金属离子掺杂陶瓷材料的制备　在前面实验基础上，研究 A 位离子掺杂取代 [A=$La_{2/3}$（以这个为基本对比），$La_{1/2}Li_{1/2}$、$La_{1/2}Na_{1/2}$、$La_{1/2}K_{1/2}$] 碱金属离子后结构和介电性能的变化，通过系统随机发布的任务，可自主计算、选择并设置 A 位碱金属离子（Li^+、Na^+、K^+）掺杂的含量。

（2）最优溶胶条件选择　利用已探讨的已知最优溶胶条件，优化制备参数。

（3）造粒压片及烧结制片

① 造粒压片。将上述预烧后的粉料放入研钵中研磨，得到细小均匀的预烧陶瓷粉体，加入黏合剂 PVA（质量分数为 5%）进行造粒，用干压法将粉体压制成圆片（直径 15mm）。

② 烧结制片。将此圆片在温度 1105℃，保温时间在 15h 进行陶瓷烧结，最后获取陶瓷样品。采用砂纸对陶瓷片进行打磨抛光、清洗，将陶瓷片放入 85℃ 的烘箱中烘干，两面涂敷银浆，于 840℃ 烧渗银电极。

（4）XRD 表征　利用 XRD 表征技术，分析对比研究在最优条件下，掺杂不同碱金属离子（Li^+、Na^+、K^+）制备碱金属离子掺杂 $La_{2/3}Cu_3Ti_4O_{12}$（LICTO、NLCTO、KLCTO）陶瓷材料对陶瓷材料结构的影响，见图 19-17。

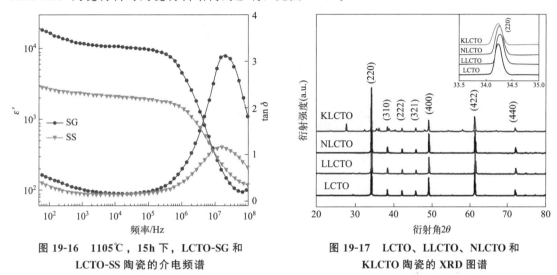

图 19-16　1105℃，15h 下，LCTO-SG 和 LCTO-SS 陶瓷的介电频谱

图 19-17　LCTO、LLCTO、NLCTO 和 KLCTO 陶瓷的 XRD 图谱

（5）SEM 表征　利用喷金、氮气吹扫，及 SEM 表征技术，对比研究最优参数条件下，掺杂不同碱金属离子（Li^+、Na^+、K^+）制备碱金属离子掺杂 $La_{2/3}Cu_3Ti_4O_{12}$ 陶瓷材料的微观结构的影响，见图 19-18。

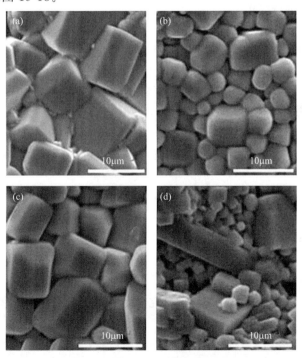

图 19-18　LCTO (a)、LLCTO (b)、NLCTO (c) 和 KLCTO (d) 陶瓷的 SEM 图片

（6）介电常数测定 观察最优参数条件下，掺杂不同碱金属离子（Li^+、Na^+、K^+）制备碱金属离子掺杂 $La_{2/3}Cu_3Ti_4O_{12}$ 陶瓷材料的介电性能的影响，见图 19-19。

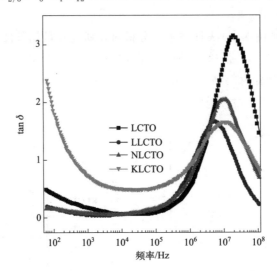

图 19-19 LCTO、LLCTO、NLCTO 和 KLCTO 陶瓷的介电频谱

六、操作方法

1. 安装成功后点击"MLabs Pro"图标，进入登录界面。

2. 点击"进入实验分类"——"综合研究实验"，找到"巨介电陶瓷材料的制备与功能表征"。

3. 点击对应模块进行操作。

4. 点击"载入"，进行模拟。

【注意】仿真实验操作前，应关闭 360 杀毒软件、windows 防火墙；采用火狐、谷歌、Microsoft edge 等浏览器；电脑键盘处于英文输入法状态。

七、实验结果

根据要求选择模块进行实验，然后将所得实验数据进行处理和分析。

八、思考题

1. 陶瓷制备的影响因素有哪些？
2. 分析不同制备方法对产品性能的影响。
3. 分析不同掺杂离子对产品性能的影响。
4. 在本实验中，是否提升了你的科学研究能力？你是否能够理论联系实际？

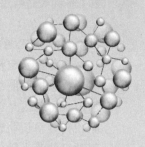

实验 20

新型冠状病毒核酸检测虚拟仿真实验

一、实验目的

病毒的采集、检测和实时荧光定量 PCR（9PCR）技术广泛应用于实验研究、临床检测中，是生物技术药物学实验、细胞与分子生物学等课程的经典教学内容，是生物制药、生物工程、药学、医学类各专业学生需要掌握的实验技术。该实验涉及病毒样本的提取等操作，而在实际操作过程中存在新型冠状病毒对人有高传染性，强致病性等特点，不适合在实验教学中开设实物实验。同时，新型冠状病毒的取样及检测需在高级别生物安全实验室中进行，而绝大多数学校的实验环境无法满足新冠病毒的取样和检测的要求，虚拟仿真项目采用三维仿真技术进行制作，让操作者模拟在各种实验设备仿真模型上的操作，可以让学生学习相关实验技术。通过对北京欧倍尔软件技术开发有限公司开发的新型冠状病毒核酸检测虚拟仿真实验学习，要求：

(1) 掌握保障个人三级生物安全防护的基本操作步骤；
(2) 掌握 RNA 提取和荧光定量 PCR 实验操作技能；
(3) 掌握对高危生物样品的处理方法；
(4) 学习使用阴性对照保障检测结果准确性的方法；
(5) 学习新冠病毒检测的基本方法原理。

二、实验原理

实时荧光定量 PCR 技术是一种在 DNA 扩增反应中加入荧光基团，利用荧光信号的变化实时检测 PCR 扩增反应中每一个循环扩增产物量的变化，进而对待测样品中的目的序列进行定量分析的技术。该技术具有操作简便、快速高效、高通量，高敏感性等特点，该技术在分子诊断、分子生物学研究、动植物检疫以及食品安全检测等方面有广泛的应用。

实时荧光定量 PCR 技术的基本原理是在 PCR 反应过程中，每经过一个循环，PCR 产物量增加，相应的荧光信号强度也跟着增加，此时收集一个荧光强度信号。经过若干个循环后，可以得到一条以循环数（Cycle Threshold，CT）为横坐标和荧光强度（ΔRn）变化为纵坐标的"S"形荧光扩增曲线。

实时荧光定量 PCR 技术中有几个重要的概念，包括扩增曲线、基线、荧光阈值和阈值循环数。扩增曲线是将 PCR 反应过程中的荧光信号强度与循环数之间的关系以图形方式表示出来。基线是在扩增反应之初的循环里荧光信号变化不大的阶段。荧光阈值是在荧光扩增曲线指数增长期设定的一个荧光强度标准。阈值循环数表示每个 PCR 反应管内荧光信号达到设定的荧光阈值所经历的循环数。

实时荧光定量 PCR 技术的原理可以主要通过两种方法实现。

SYBR GreenⅠ染料法：在 PCR 反应体系中加入 SYBR GreenⅠ染料，DNA 扩增过程中，SYBR GreenⅠ染料特异性地掺入 DNA 双链发射荧光信号，随着反应的进行荧光强度逐渐增强，从而实现实时测量。

TaqMan 探针法：在探针的 5′端设计有报告基团，3′端设计有淬灭基团，当报告基团接近淬灭基团时，不会检测到荧光信号。qPCR 反应时，寡核苷酸两个基团分离，即可检测到荧光信号，并与 PCR 产物同步。

三、实验设备和试剂

实验所用主要设备：生物安全柜、荧光定量 PCR 仪、移液器、漩涡振荡器、离心机、无菌 EP 管、样品管。

实验所用主要试剂：生物学级别无水乙醇、载体 RNA（carrier_RNA）、AVL 裂解液、2019 新型冠状病毒（2019-nCov）反应液、ORF1ab/N 反应液、2019-nCoV 酶。

四、实验步骤

1. 个人三级防护用品穿戴

如图 20-1、图 20-2 所示，前方是第二更衣室。靠近门之后鼠标左键点击"门"，可以将门打开。完成个人三级防护用品的穿戴：按顺序依次点击用品栏中的一次性帽子、医用 N95 口罩、一次性防护服、一次性鞋套、一次性防水靴套、防护目镜、双层乳胶手套和一次性隔离衣，完成防护用品的穿戴。

2. 处理送检样品

通过缓冲间进入核酸提取实验室，开始处理送检样品（图 20-3）。将接收的样品送检箱表面进行消毒后打开，并取出样品二级包装，操作步骤为：鼠标右键点击含氯消毒液喷壶，点击"消毒处理"；鼠标右键点击样本二级容器，点击"取出样品二级包装"（图 20-4）。对密封袋表面进行消毒后，对送检样本进行 56℃下 30min 的灭活，操作步骤为：鼠标右键点击含氯消毒液喷壶，点击"消毒处理"；鼠标右键点击样本密封袋，点击"灭活处理"（图 20-5）。

3. 准备核酸提取试剂

点击试剂准备区实验员头像，切换至试剂准备区，准备核酸提取所需的试剂，见图 20-6。按照要求，分别向洗液 1 和洗液 2 中加入分子生物学级别的 130mL 和 160mL 的无水乙醇，并及时做好标记，取 310μL 洗脱液溶解 310μg/支的 carrier_RNA。

第三部分　工艺仿真实验

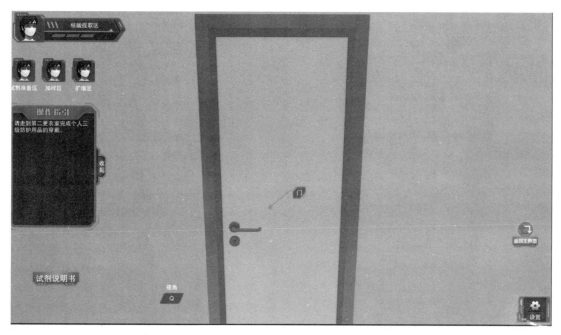

图 20-1　进入第二更衣室

图 20-2　个人三级防护用品穿戴操作示意图

157

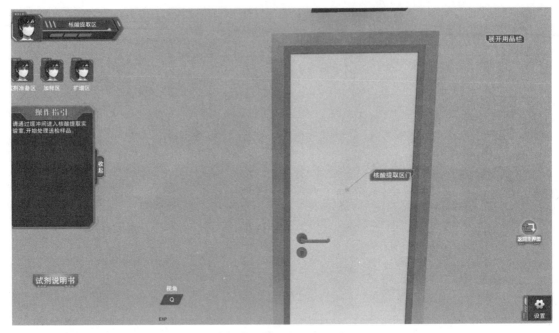

图 20-3　进入核酸提取室

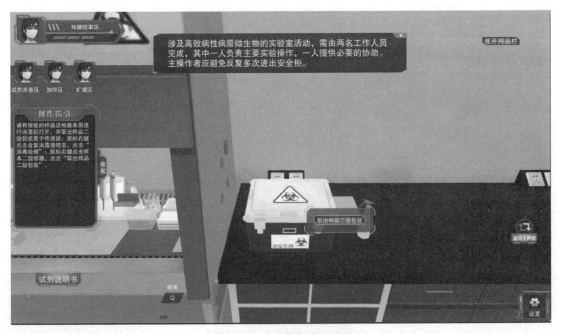

图 20-4　取出样品二级包装

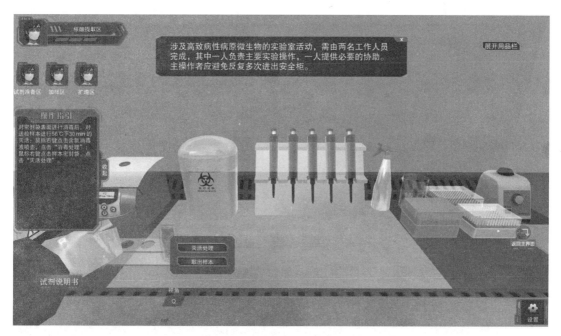

图 20-5　消毒处理后取出样本

图 20-6　选择实验员

如图 20-7、图 20-8 所示，鼠标右键点击洗液 1，点击"加 130mL 无水乙醇"；鼠标右键点击洗液 2，点击"加 160mL 无水乙醇"；鼠标右键点击 carrier_RNA，点击"加洗脱液"；鼠标左键点击 100～1000μL 移液器；量程输入框中输入"310"。

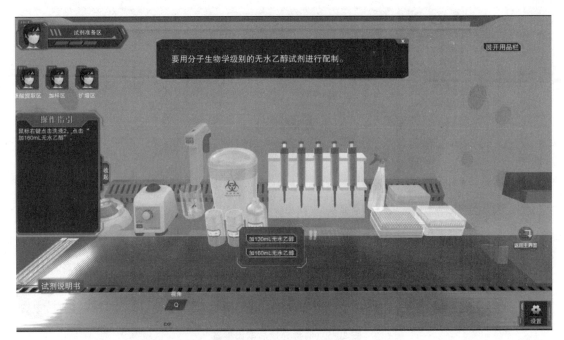

图 20-7 加入无水乙醇

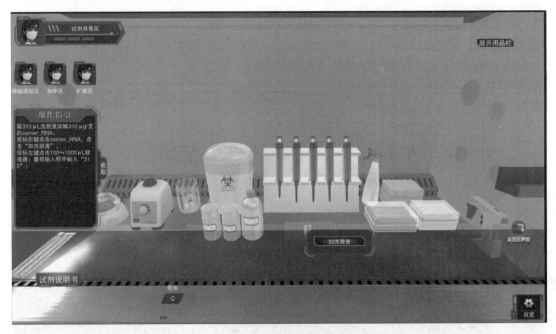

图 20-8 加洗脱液

核酸提取所需试剂准备完成，通过传递窗转移至核酸提取实验室。鼠标左键点击"传递窗"，打开传递窗；放置物品后，鼠标左键点击"传递窗"，关闭传递窗。

4. 核酸提取

点击核酸提取区实验员头像，切换至核酸提取区，鼠标左键点击"传递窗"，打开传递窗，取出配制好的试剂置于生物安全柜，取出物品后请关闭传递窗，见图 20-9。

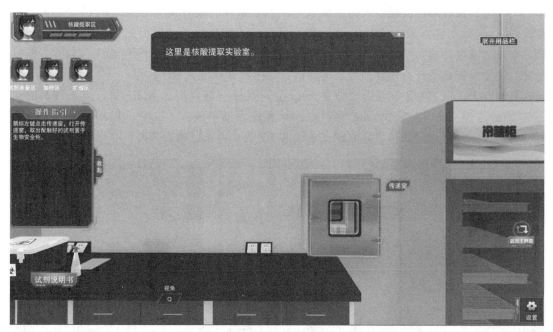

图 20-9　核酸提取试剂置于生物安全柜

移动到生物安全柜前，开始核酸提取操作。移动到生物安全柜前，鼠标右键点击样本密封袋，点击"取出样本"；鼠标右键点击烧杯，点击"取无菌 EP 管"，点击"标记样本信息"，见图 20-10。

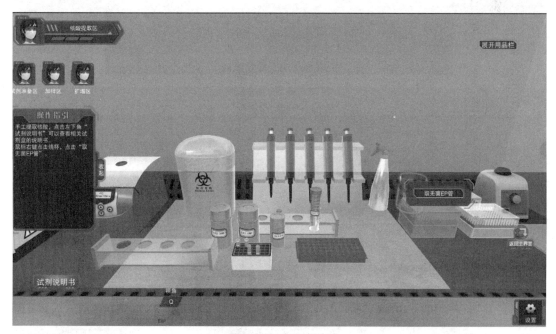

图 20-10　标记样本

取 560μL 的 AVL 裂解液到 1.5mL 无菌 EP 管中，加入 5.6μL 配制好的 carrier_RNA，再加入 140μL 已经灭活的样本，混匀振荡 15s，室温静置 10min，充分裂解样本中的核酸（图 20-11）：鼠标右键点击 AVL 裂解液，点击"吸取试剂"（图 20-12）；鼠标左键点击

100～1000μL 移液器；量程输入框中输入"560"；鼠标右键点击 carrier_RNA，点击"吸取试剂"；鼠标左键点击 1～10μL 移液器；量程输入框中输入"5.6"；鼠标右键点击样本管，点击"吸取样本"；鼠标左键点击 20～200μL 移液器；量程输入框中输入"140"；鼠标左键点击漩涡振荡器开关，打开漩涡振荡器；鼠标右键点击无菌 EP 管，点击"混匀振荡"；鼠标右键点击无菌 EP 管，点击"静置 10min"；鼠标右键点击无菌 EP 管，点击"瞬时离心"；鼠标左键点击 100～1000μL 移液器，量程输入框中输入"560"；鼠标右键点击无菌 EP 管，点击"混匀振荡"；鼠标右键点击无菌 EP 管，点击"瞬时离心"。

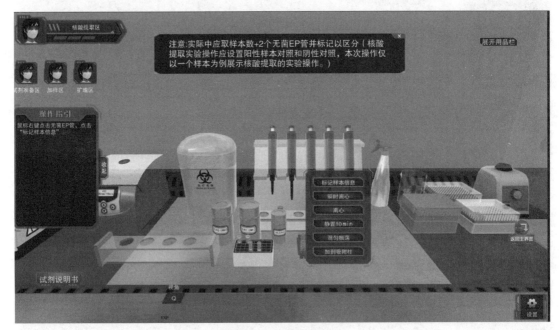

图 20-11　充分裂解核酸

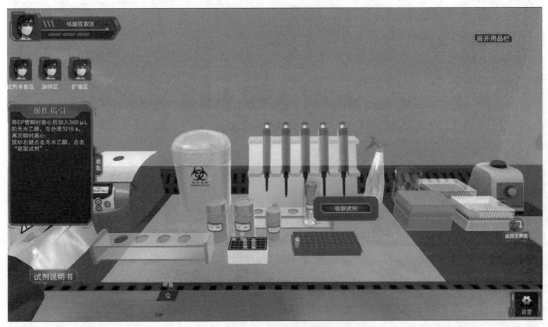

图 20-12　吸取试剂

从核酸试剂盒中取出吸附柱（图20-13、图20-14）：鼠标右键点击无菌EP管，点击"加到吸附柱"；鼠标左键点击100～1000μL移液器，量程输入框中输入"630"；鼠标右键点击收集管，进行"离心"；鼠标右键点击上层吸附柱，使其"转移至新收集管"中；右键点击洗液1，点击"吸取试剂"；左键点击100～1000μL移液器；量程输入框中输入"500"；鼠标右键点击下层收集管，进行"离心"；鼠标右键点击上层吸附柱，点击"转移至新收集管"；鼠标右键点击洗液2，点击"吸取试剂"；左键点击100～1000μL移液器，量程输入框中输入"500"；右键点击下层收集管，点击"离心"；将吸附柱转移至新收集管，进行离心，重复操作三次后，鼠标右键点击烧杯，"取无菌EP管"，将上层吸附柱"转移至无菌EP管"。

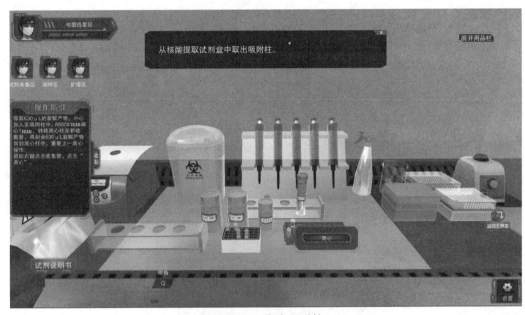

图20-13 取出吸附柱

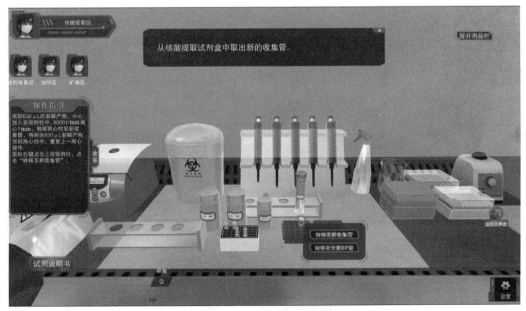

图20-14 取出新的收集管

保存样本（图20-15、图20-16）：右键点击洗脱液，点击"吸取试剂"，点击10～100μL移液器，量程输入框中输入"50"；点击无菌EP管，点击"静置1min"；右键点击无菌EP管，点击"离心"；随后将无菌EP管"转移至传递窗"，"保存样本"。

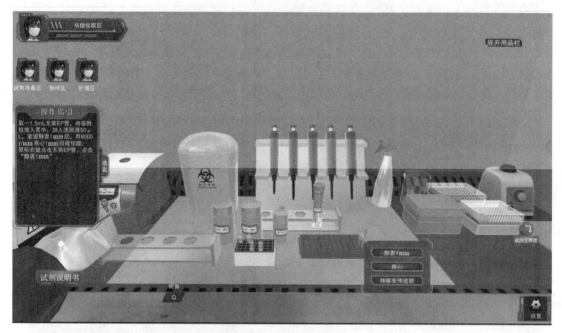

图20-15 保存样本处理

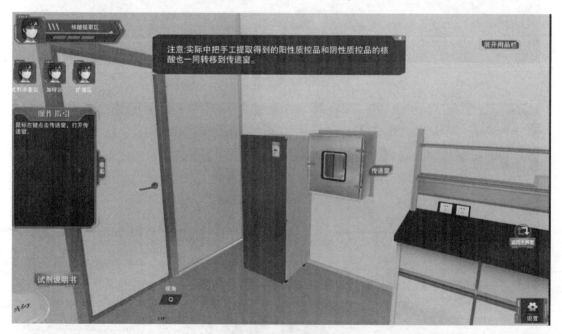

图20-16 传递样本

5. 配制反应体系

点击试剂准备区实验员头像，切换至试剂准备区，根据核酸检测试剂盒配制反应体系（图20-17、图20-18）：鼠标右键点击烧杯，"取无菌EP管"；右键点击2019-nCov反应液，点击"吸取试剂",左键点击 10~100μL 移液器,量程输入框中输入"72";鼠标右键点击 ORF1ab/N 反应液,点击"吸取试剂",左键点击 10~100μL 移液器;量程输入框中输入"24";鼠标右键点击 2019-nCoV 酶液,点击"吸取试剂",左键点击 10~100μL 移液器;量程输入框中输入"24";鼠标左键点击漩涡振荡器开关,打开漩涡振荡器,右键点击无菌 EP 管,点击"混匀振荡",随后进行"瞬时离心"。鼠标右键点击装有 PCR 反应管的密封袋,点击"取一反应管";鼠标右键点击无菌 EP 管,点击"分装反应体系",鼠标左键点击 2~20μL 移液器,量程输入框中输入"20"。鼠标右键点击装有反应管管盖的密封袋,点击"取一反应管管盖"。右键点击 PCR 反应管,将分装好的反应体系溶液"转移至传递窗"。

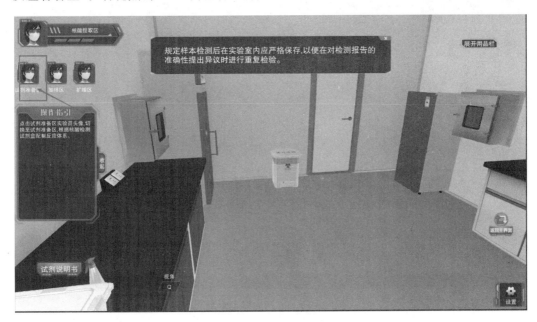

图 20-17　切换至试剂准备区

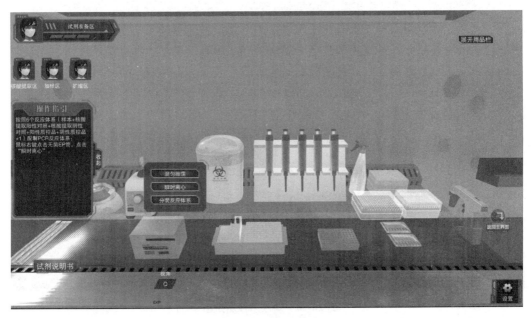

图 20-18　分装反应体系

点击加样区实验员头像，切换至加样区，准备加样（图20-19、图20-20）：鼠标左键点击"传递窗"，打开传递窗，取出样本核酸和反应体系置于生物安全柜；鼠标左键点击1~10μL移液器；量程输入框中输入"5"，右键点击核酸提取阴性对照，点击"加样"，右键点击阴性质控品，点击"加样"；右键点击样本核酸，点击"加样"；右键点击核酸提取阳性对照，点击"加样"；右键点击阳性质控品，点击"加样"；右键点击PCR反应管，点击"转移至传递窗"；点击扩增区实验员头像，切换至扩增区，取出配制好的PCR检测管，完成加样，将PCR反应管"转移至传递窗"，准备上机检测。

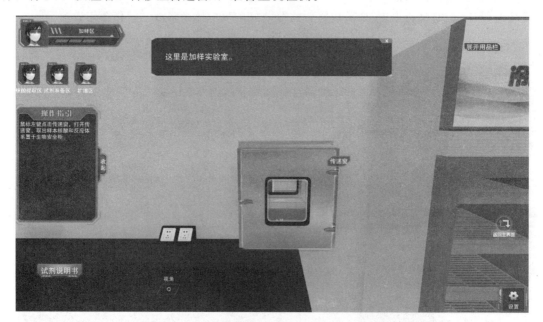

图 20-19 进入加样实验室

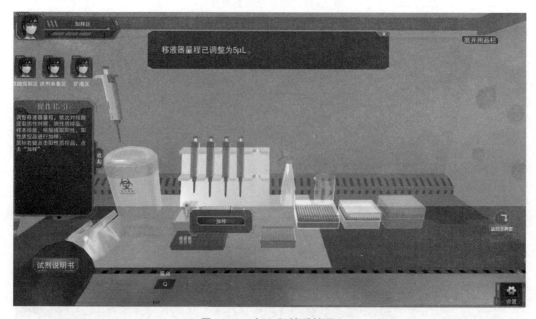

图 20-20 加入阳性质控品

6. 上机检测

准备样品，打开仪器（图 20-21、图 20-22）：点击扩增区实验员头像，切换至扩增区，取出配制好的 PCR 检测管；鼠标左键点击传递窗，打开传递窗；鼠标右键点击 PCR 反应管，点击"瞬时离心"；鼠标左键点击电脑电源按钮，打开工作电脑；鼠标左键点击荧光定量 PCR 仪电源按钮，打开仪器。

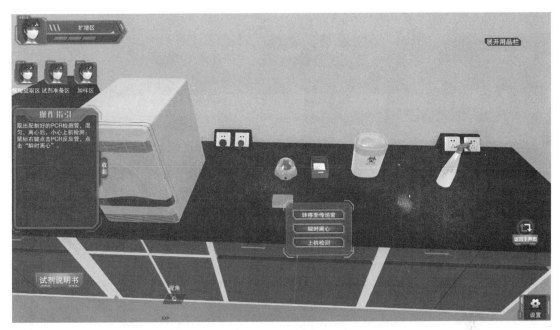

图 20-21　样品准备

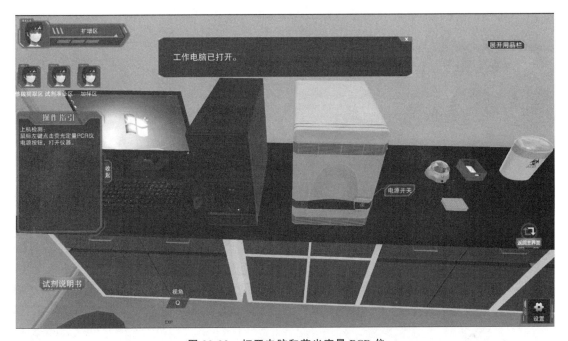

图 20-22　打开电脑和荧光定量 PCR 仪

上机检测（图 20-23、图 20-24）：鼠标左键点击工作电脑鼠标，设置参数。循环参数设定步骤一：逆转录 50℃，10min；步骤二：预变性 95℃，5min；步骤三：变性 95℃，10s，退火—延伸—检测荧光（55℃，40s），步骤三：循环数为 40cycles，反应体积为 25μL。参数设置好后，鼠标左键点击荧光定量 PCR 仪器托盘按钮；鼠标右键点击 PCR 反应管，点击"上机检测"；鼠标左键点击荧光定量 PCR 仪器托盘按钮；检测完成后鼠标右键点击 PCR 反应管，点击"密封处理"。

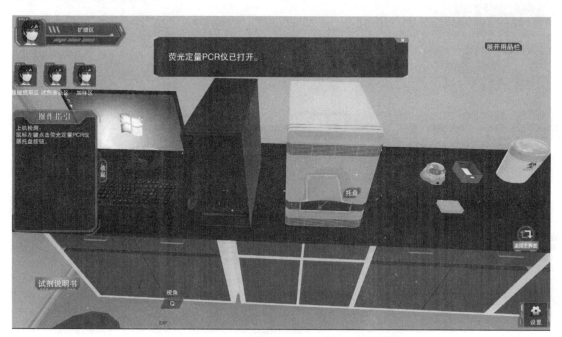

图 20-23　打开荧光定量 PCR 仪托盘

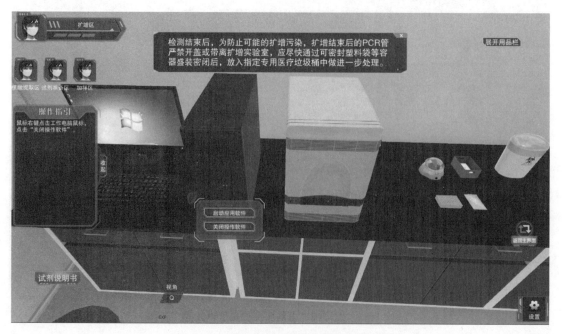

图 20-24　检测完成对样品进行密封处理

7. 退出软件、关闭电脑

鼠标左键点击工作电脑鼠标，关闭操作软件；点击荧光定量 PCR 仪电源按钮，关闭仪器；点击电脑电源按钮，关闭工作电脑（图 20-25）。

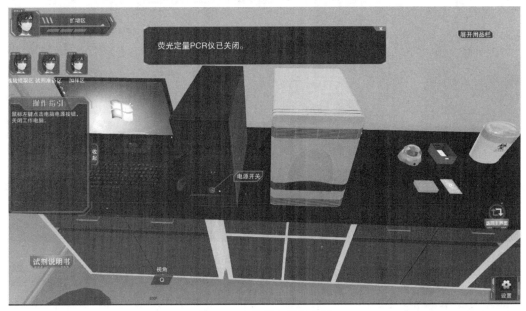

图 20-25　关闭电脑和仪器

8. 离开加样区实验室

实验结束，请做好消毒工作后，离开加样区实验室：鼠标右键点击含氯消毒液，点击"消毒处理"（图 20-26）；鼠标右键点击含氯消毒液，点击"个人消毒"。离开加样区实验室，依次用鼠标左键点击用品栏中的一次性隔离衣、一次性防水靴套和一次性乳胶手套，脱掉最外层防护（图 20-27）。鼠标左键点击实验室紫外消毒灯开关，打开紫外消毒灯进行实验室消毒。

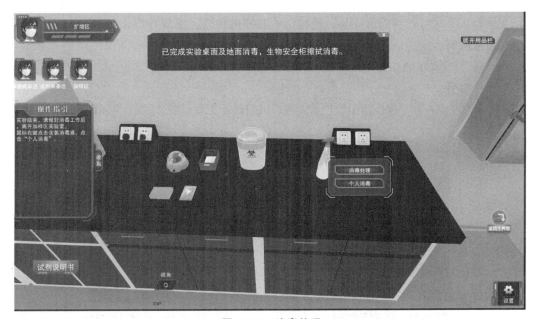

图 20-26　消毒处理

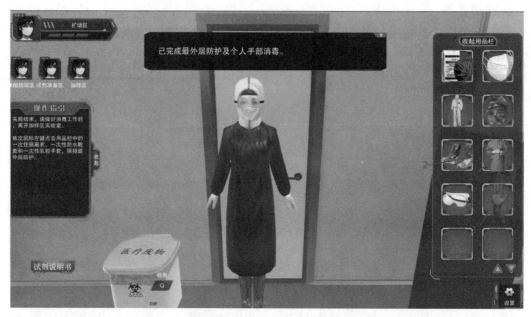

图 20-27 脱掉个人防护用品

五、操作方法

1. 软件启动

软件安装后,运行虚拟仿真软件,弹出启动窗口,选择"新型冠状病毒核酸检测虚拟仿真实验项目软件",点击启动按钮,出现仿真软件初始页面,可以进入实验预习、学习模式、练习模式和考核模式四个模块。实验预习模块为实验背景、实验原理、实验目的等知识点讲解;学习模块为真实实验讲解视频;练习模式下在操作指引下学员完成对该实验的所有操作;考核模式下没有任何提示,学员通过学习和理解独立完成所有操作。

2. 角度控制

W—前、S—后、A—左、D—右、鼠标右键—视角旋转。

3. 操作指引

在屏幕的左侧,有"操作指引"栏目,可以随时进行查看(图 20-28)和收起(图 20-29)。

图 20-28 打开操作指引

图 20-29 收起操作指引

4. 标签指示

鼠标放到相应的物体上，会弹出设备名称的标签。

5. 设置功能

在软件的右下角有设置功能按钮，可以进行音效设置和调节鼠标的灵敏度。

【注意】仿真实验操作前，应关闭 360 杀毒软件、windows 防火墙；采用火狐、谷歌、Microsoft edge 等浏览器；电脑键盘处于英文输入法状态。

六、思考题

1. 新冠病毒核酸检测方法还有哪些？
2. 在新冠病毒检测过程中，如何提高检测灵敏度？
3. 尝试思考新冠病毒核酸检测在疫情防控中的意义。
4. 通过本实验操作，你是否体会到了医学检验实验的严谨性？本实验对于培养严谨的科学态度起到了哪些作用？

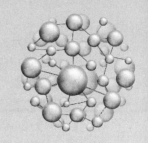

实验 21

抗疟疾药物青蒿素提取与纯化虚拟仿真实验

一、实验目的

疟疾是一种由寄生虫引起的传染性疾病,全球范围内仍然存在着高发和流行的地区。青蒿素又名黄蒿素,是从一年生菊科艾属草本植物黄花蒿中提取分离得到的一种化合物,于 20 世纪 70 年代初首次由中国学者从黄花蒿中分离得到,是目前世界上公认的最有效治疗脑型疟疾和抗氯喹恶性疟疾的药物,且青蒿素联合治疗已成为世界卫生组织推荐的治疗疟疾的首选方法。青蒿素是目前治疗疟疾的主要药物之一,具有快速有效的特点。青蒿素提取试验是为了从青蒿植物中提取出纯度较高的青蒿素,以满足医药行业对该药物的需求,但实验流程复杂,涉及多种设备,耗时较长(超过 24h),不适合在实验教学中开设实物实验,因此,将由北京欧倍尔软件技术开发有限公司开发的抗疟疾药物青蒿素提取与纯化虚拟仿真实验用于教学,要求:

(1) 掌握抗疟疾药物青蒿素提取与纯化操作流程;
(2) 掌握实验过程中各设备的操作方法;
(3) 了解索氏提取仪的操作原理;
(4) 了解层析柱填装的基本原理和过程;
(5) 了解青蒿素的表征方法。

二、反应原理

青蒿素提取试验的原理基于溶剂萃取和结晶分离技术。在浸提过程中,青蒿素被溶剂从青蒿植物中提取出来,并随着溶剂一同进入浸提液中。通过浓缩和结晶处理,将青蒿素从浸提液中分离出来。洗涤和干燥过程有助于去除杂质,提高纯度。

三、实验设备和试剂

实验所用主要设备:中药粉碎机、索氏提取器、恒温水浴锅、球形冷凝管、旋转蒸发仪、冷却循环水系统、层析装置、天平、氧气泵、抽滤装置、真空干燥箱、熔点检测仪。

实验所用主要试剂：石油醚、乙酸乙酯、二氯甲烷。

四、实验步骤

1. 青蒿素叶打粉称重

选择回流装置所需设备，如图 21-1 所示。点击托盘，将青蒿素叶加入到粉碎机内，点击打开粉碎机开关按钮，使用粉碎机粉碎青蒿叶粉碎一分钟，关闭粉碎机。点击分析天平去皮按钮，进行去皮，打开粉碎机盖，取出青蒿素粗粉，使用天平称量青蒿叶粗粉 40g，如图 21-2 所示。

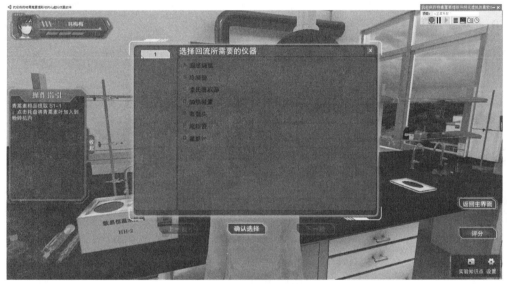

图 21-1 回流装置选择

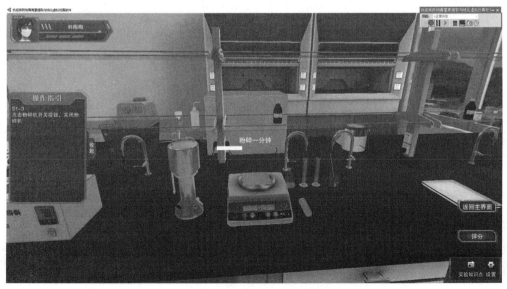

图 21-2 青蒿素叶打粉称重

2. 青蒿素的粗提取

将称量好的青蒿素粗粉加入滤纸筒中，点击滤纸筒，将其放入到索氏提取管中，量取20mL与80mL的石油醚加入到圆底烧瓶中，将圆底烧瓶固定在铁架台上，点击量筒向索氏提取管中加入提前量好的20mL石油醚，点击索氏提取管，调整好提取管在铁架台上位置，如图21-3所示。选择冷凝管的进出水方式（图21-4），并将其固定在铁架台上，点开自来水开关进行冷却，同时点击水浴锅开关，设置60℃加热回流（图21-5），进行青蒿素粗提取过程。

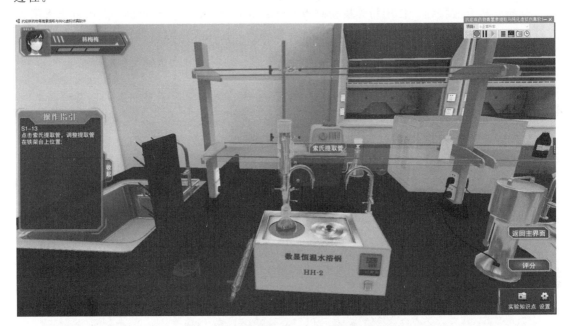

图21-3 索氏提取管用于青蒿素粗提取

图21-4 选择冷凝管的进出水方式

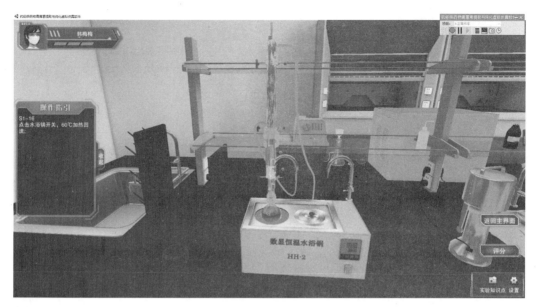

图 21-5　加热回流

3. 青蒿素浓缩

点击水浴锅开关，关闭加热，点击圆底烧瓶，将圆底烧瓶内青蒿素提取液放入旋转蒸发仪旋转瓶中，打开旋转蒸发仪开关，并打开地板上的冷却循环水系统，随后打开旋转蒸发仪加热装置，关闭放空阀，打开真空泵，减压操作除去溶剂，浓缩至 10mL 左右，如图 21-6、图 21-7 所示。浓缩完毕，点击关闭加热装置开关，关闭旋转蒸发仪开关，打开放空阀，关闭真空泵，如图 21-8 所示。点击蒸发仪旋转瓶，将减压蒸馏（减蒸）完毕的液体倒入干燥的锥形瓶中，静置 24h，使结晶析出，点击锥形瓶 1，倾倒出结晶母液到锥形瓶 2 中，锥形瓶 1 中得到青蒿素结晶粗品，如图 21-9 所示。

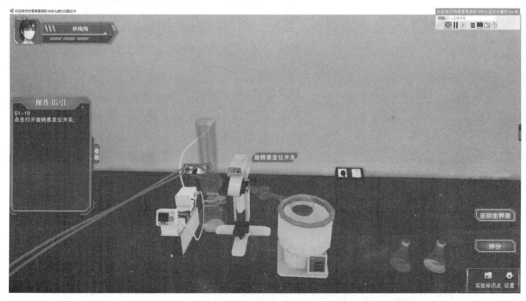

图 21-6　旋转蒸发仪连接示意图

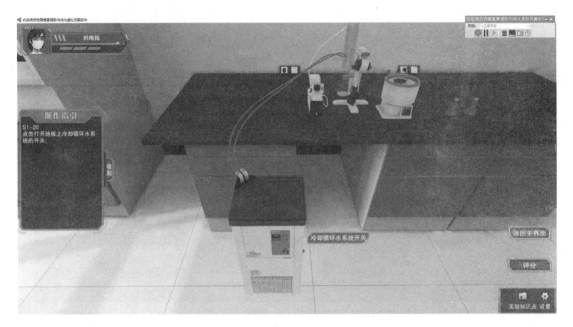

图 21-7 冷却循环水系统

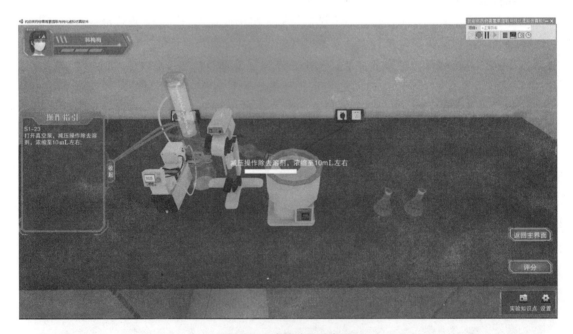

图 21-8 浓缩过程示意图

4. 青蒿素的纯化和干燥

点击实验室窗边层析柱观看装柱过程（图 21-10）：①选取 20cm 长层析柱；②上口装入一小团脱脂棉，用玻璃棒推至底部，塞紧；③层析柱固定在铁架台上；④管口放玻璃漏斗；⑤将硅胶通过玻璃漏斗均匀倒入层析柱内；⑥用洗耳球轻敲层析柱，使硅胶填充紧密；⑦固定储液球；⑧将石油醚倒入储液球；⑨氧气泵加压；⑩石油醚通过硅胶从下口流出，进一步压实硅胶；⑪石油醚刚好浸润硅胶上端，取下储液球。

图 21-9 青蒿素结晶析出

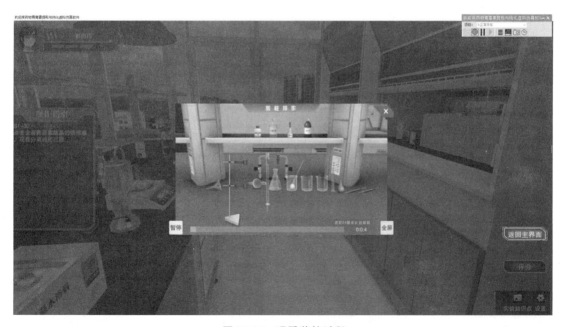

图 21-10 观看装柱过程

点击含有青蒿素结晶的锥形瓶，观看分离纯化过程（图 21-11）：①展开剂的配制。配制乙酸乙酯-石油醚（1∶4，体积比）作为洗脱剂；②青蒿素粗品溶于 1mL 二氯甲烷溶液中，用一次性滴管吸取并滴加在硅胶上，再用二氯甲烷 1mL 洗涤样品瓶，洗液也滴加在硅胶上，再用展开剂洗涤样品瓶 1 次，同样加在硅胶上；③装好储液球；④加入确定的洗脱剂；⑤用氧气泵加压洗脱；⑥用薄层层析确定纯度，收集纯品淋洗液。

点击装有淋洗液的锥形瓶，将收集的淋洗液转入旋转蒸发仪的旋转瓶中，打开旋转蒸发

图 21-11 观看分离纯化过程

仪开关和加热装置开关,关闭放空阀,打开真空泵,减压操作去除溶剂,浓缩至 3mL 左右。浓缩完毕,点击关闭加热装置开关,关闭旋转蒸发仪开关,打开放空阀,关闭真空泵。点击蒸发仪旋转瓶,将减蒸完毕的液体倒入干燥的锥形瓶中,静置 24h,使结晶析出。点击主实验台抽滤机边上的滤纸,将滤纸加入到抽滤的布氏漏斗上,使用纯净水润湿滤纸,点击锥形瓶,将结晶和母液倒入布氏漏斗内,打开真空泵开关与真空抽滤管上的阀门,进行抽滤(图 21-12)。抽滤完成,关闭真空泵开关与真空抽滤管上的阀门。

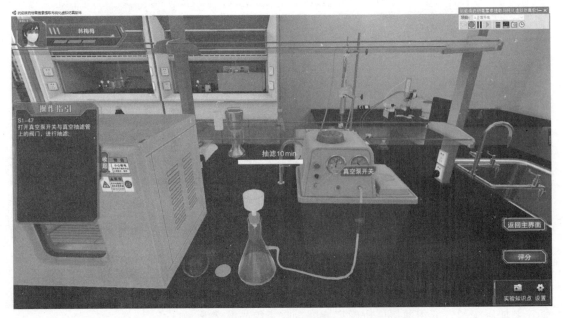

图 21-12 抽滤过程

取下抽滤完的青蒿素结晶，放入蒸发皿中，打开真空干燥箱箱门，放入蒸发皿，打开真空干燥箱开关，打开真空阀，干燥完毕，点击关闭真空干燥箱真空阀开关，点击关闭真空干燥箱开关，点击真空干燥箱门，打开箱门，取出结晶，如图21-13所示。

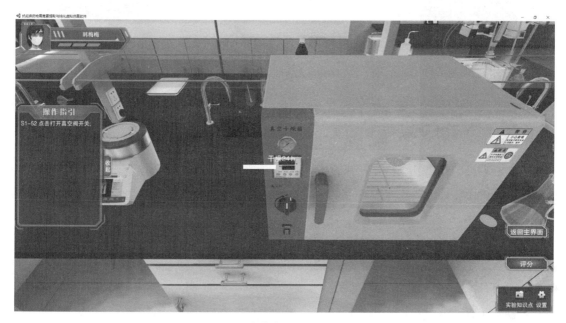

图 21-13　青蒿素于烘箱中进行干燥

5. 实验产品表征

点击熔点检测仪，使用熔点检测仪检测青蒿素结晶熔点（图21-14），点击青蒿素鉴定获得氢谱图（图21-15），点击青蒿素鉴定获得碳谱图，实验完成。

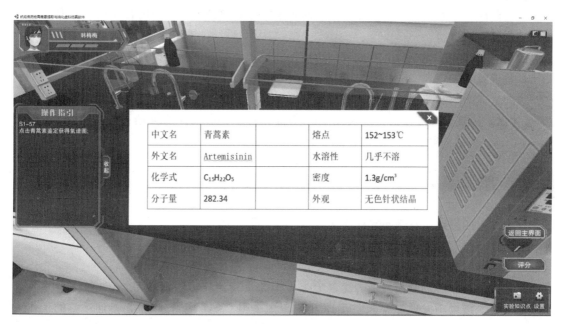

图 21-14　青蒿素结晶熔点表征

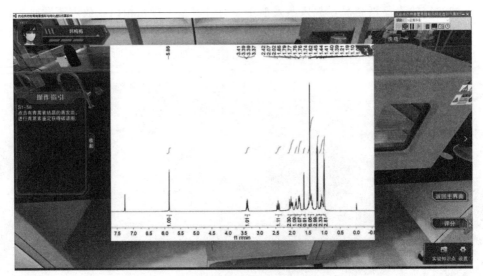

图 21-15　青蒿素氢谱表征

五、操作方法

1. 软件启动

完成安装后就可以运行虚拟仿真软件，双击打开 OBE \ dpsp \ tools 目录下的 "⬡"，弹出启动窗口，选择"抗疟疾药物青蒿素提取与纯化虚拟仿软件"，点击启动按钮，启动对应实验项目的虚拟仿真实验。

2. 视角变换

按住鼠标右键不放，移动鼠标使鼠标箭头上下左右移动即可使视野转向相应方向。

3. 位置移动控制

键盘上的"W""S""A""D"键即对应"前""后""左""右"方向的移动。

4. 拉近镜头

滚动鼠标中间的滚轮，向后滚动使镜头远离操控人物，向前滚动使镜头靠近操控人物。

【注意】仿真实验操作前，应关闭 360 杀毒软件、windows 防火墙；采用火狐、谷歌、Microsoft edge 等浏览器；电脑键盘处于英文输入法状态。

六、思考题

1. 青蒿素的提取还有哪些其他方法？
2. 为什么浓缩过程中要严格控制温度？
3. 你了解到的青蒿素药物有哪些？
4. 我国科学家屠呦呦因发现青蒿素治疗疟疾的全新治疗方法而获得 2015 年诺贝尔生理学或医学奖。屠呦呦发现青蒿素经历 13 年，聚集全国 60 多个科研单位，参加项目的工作人员达五六百人。请思考在今后的学习与研究过程中，我们应该如何学习屠呦呦团队的专注、执着与恒心，以及科学家的奉献精神、团结合作和创新精神。

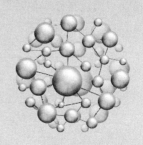

附录

附录1 常见设备代号

设备类别	塔	换热器	反应器	工业炉	火炬、烟囱	容器	泵	压缩机
代号	T	E	R	F	S	V	P	C

附录2 常见仪表控制符号

字母	第一位字母		后继字母
	被测变量	修饰词	功能
A	分析		报警
C	电导率		控制(调节)
D	密度	差	
E	电压		检测元件
F	流量	比(分数)	
I	电流		指示
K	时间或者时间程序		自动-手动操作器
L	物位		
M	水分或者湿度		
P	压力或者真空		
Q	数量或者件数	积分、累积	积分、累积
R	放射性		记录或者打印
S	速度或者频率	安全	开关、联锁
T	温度		传送

续表

字母	第一位字母		后继字母
	被测变量	修饰词	功能
V	黏度		阀、挡板、百叶窗
W	力		套管
Y	供选用		继动器或者计算器
Z	位置		驱动、执行或者未分类的终端执行机构

附录3　DCS界面操作实例

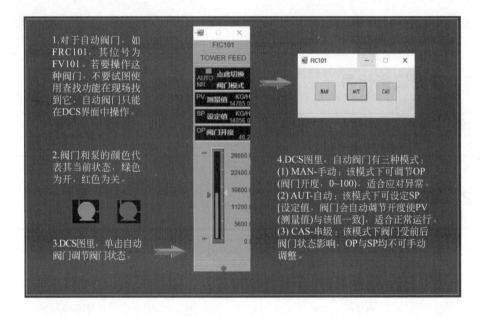

附录4　仿真软件操作评分细则

1.过程的开始和结束是以起始条件和终止条件来决定的，起始条件满足则过程开始，终止条件满足则过程结束。操作步骤的开始是以操作步骤的起始条件和本操作步骤所对应的上一级过程的起始条件来决定的，必须是操作步骤的上一级过程的起始条件和操作步骤本身的起始条件满足，这个操作步骤才可开始操作。如果操作步骤没有满足起始条件，那么，只要它上一级过程的起始条件满足即可操作。

2.操作步骤评定有高级评分、低级评分与操作质量三级，由评分权区分。高级评分：过程基础分给分低，操作步骤分给分高。低级评分：过程基础分给分高，操作步骤分给分低。操作质量的评定与操作步骤不同，不同工况各个质量指标开始评定和结束评定的条件不同，而质量指标参数相同。

3.过程只给基础分，步骤只给操作分。基础分在整个过程完成后给予操作者，步骤分则视该步骤完成情况给予操作者。

4.一个过程的起始条件没有满足时，终止条件也不会满足。

5. 过程终止条件满足时，则过程中没有进行完毕的过程或步骤不得分。

6. 操作步骤起始条件未满足，尽管动作已经完成，但是认为此步骤错误，不能得分。

7. 质量指标优劣依据指标在设定值上、下的偏差判定。质量指标的上下允许范围内的数值不扣分，超过允许范围扣分，直至该指标得分为 0。

8. 评分时，对冷态开车评定步骤和质量，对于正常停车只评定步骤。

附录 5　（实验空间）氯乙酸生产工艺 3D 虚拟仿真软件应用指导

1. 打开电脑，关闭 360 杀毒软件、安全卫士、windows 防火墙。

2. 选择火狐、谷歌、Microsoft edge 等浏览器，在地址栏中输入实验空间——国家虚拟仿真实验教学课程共享平台，进入实验空间。初次登录，需要注册一个登录账号（已经有登录号，此步略）如图 F5-1 所示。

图 F5-1　注册账号

3. 注册完毕，点击登录，输入注册号。

4. 在搜索框中输入关键词，如图 F5-2 所示。例如氯乙酸。

5. 进入搜索结果，如图 F5-3 所示。

6. 点击项目图标，如图 F5-4、图 F5-5 所示，从弹出界面中依次点击"我要做实验""点击弹出网址"。

化工基础实验与工艺仿真

图 F5-2 输入关键词

图 F5-3 进入搜索结果

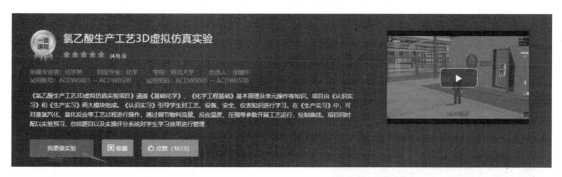

图 F5-4　点击"我要做实验"

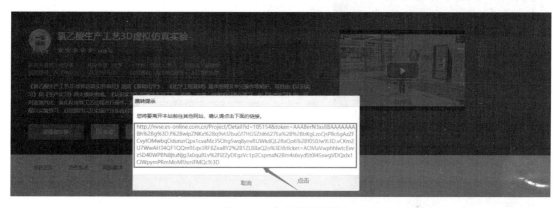

图 F5-5　点击弹出网址

7. 点击"开始实验",如图 F5-6 所示,从显示界面中选择"在线项目",如图 F5-7 所示。

8. 点击"启动实验"。选择相应实验项目,如图 F5-8 所示。

9. 从图示界面中点击"实验报告",如图 F5-9 所示。

10. 下载实验报告模板,按照要求完成实验报告、上传实验报告,如图 F5-10 所示。

11. 上传成功后,如图 F5-11 所示,在下面表格中显示上传实验报告的状态,如图 F5-12 所示。

图 F5-6　开始实验

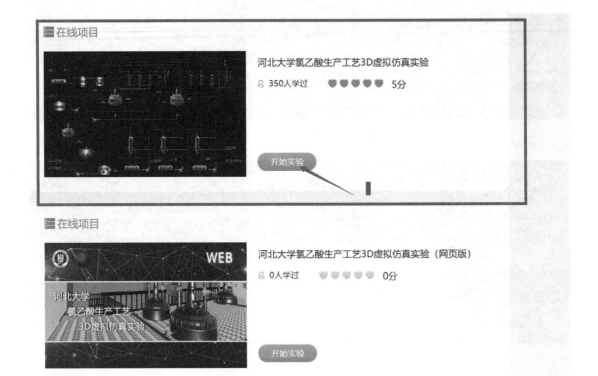

图 F5-7　选择在线项目

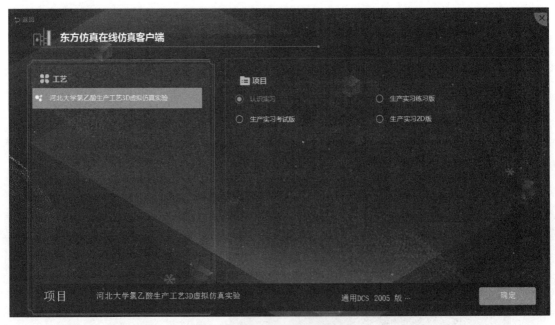

图 F5-8　选择相应实验项目

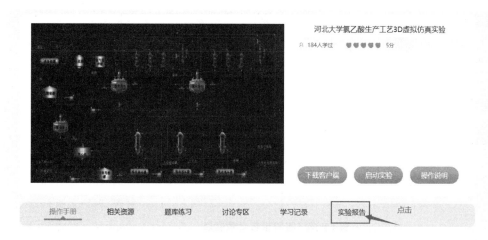

图 F5-9 点击"实验报告"

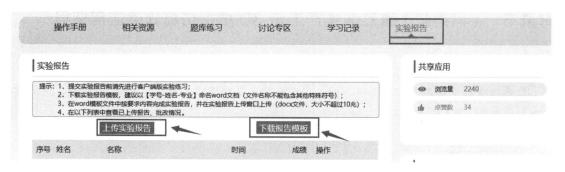

图 F5-10 下载报告模板及上传实验报告界面

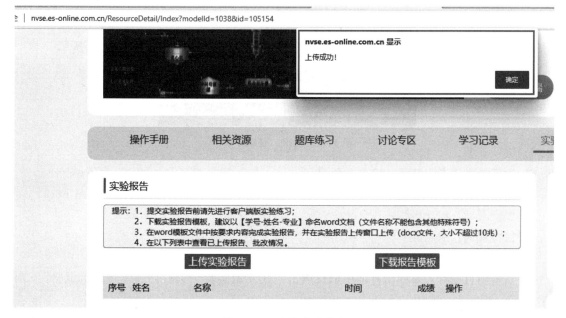

图 F5-11 上传成功状态

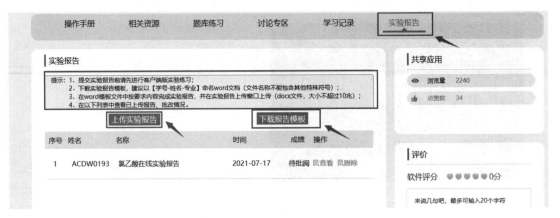

图 F5-12　实验报告上传状态

附录 6　（网络版）氯乙酸生产工艺 3D 虚拟仿真软件应用指导

1. 打开电脑，关闭 360 杀毒软件、安全卫士、windows 防火墙。

2. 选择火狐、谷歌、Microsoft edge 等浏览器，在地址栏中输入实验空间网址，进入实验空间。如图 F6-1 所示。

图 F6-1　登录实验空间

3. 初次登录，需要注册一个登录账号（已经有登录号，此步略），如图 F6-2 所示。

图 F6-2　注册、登录界面

4. 注册完毕，点击登录，输入注册号。

5. 在化学类仿真试验项目中找到河北大学氯乙酸工艺 3D 虚拟仿真软件，见图 F6-3。
学校检索词：河北大学；
项目检索词：氯乙酸；
负责人检索词：徐建中

6. 点击项目图标，从弹出界面中依次点击"我要做实验"（图 F6-4）、"开始试验"（图 F6-5）。

7. 点击弹出网址，从显示界面中选择 WEB 版，点击"开始实验"，如图 F6-6 所示。

8. 跳转界面（图 F6-7），需要等待几分钟。

附录

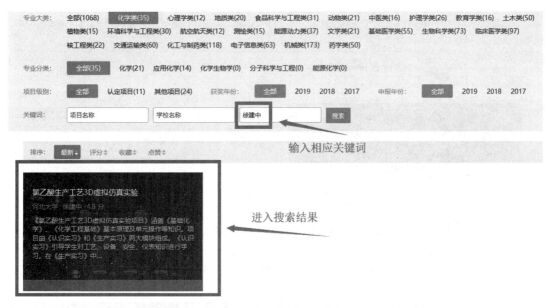

图 F6-3　输入关键词、搜索

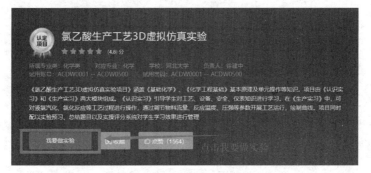

图 F6-4　我要做实验

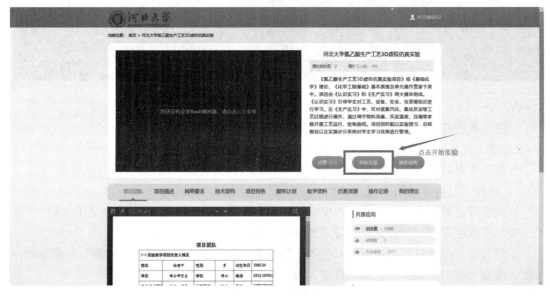

图 F6-5　开始实验

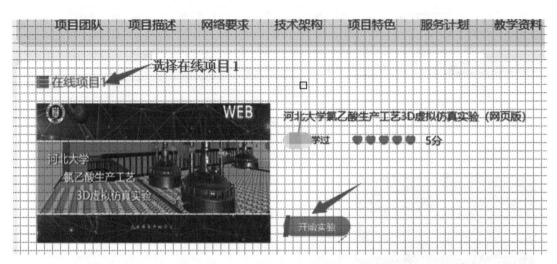

图 F6-6　在线项目 1 开始实验

图 F6-7　跳转界面

9. 进入氯乙酸生产工艺 3D 虚拟仿真实验首页界面（图 F6-8）。

10. 进入氯乙酸生产工艺 3D 虚拟仿真实验学习界面。

首先应学习新手教程，了解仿真实验操作规则（包括键盘、鼠标的使用）（图 F6-9）。

11. 选择学习内容（图 F6-10）。

认识实习：侧重对工艺、设备、安全、仪表等知识的学习，适宜完成"化工基础""化工原理"等理论课程与实验课程学习后的学员学习。

生产实习：以投料、反应、卸料为例，体现氯乙酸间歇生产完整操作过程。侧重生产中温度、流量、压强的调节、控制，设备、阀门的正确开关。

图 F6-8　氯乙酸生产工艺 3D 虚拟仿真实验首页界面

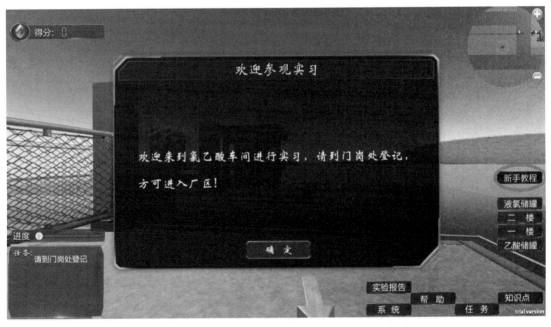

图 F6-9　学习界面

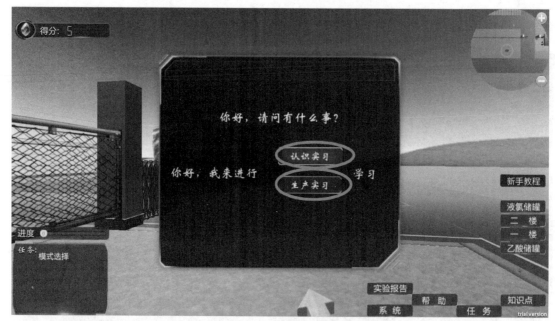

图 F6-10　选择学习内容

附录 7　氯乙酸虚拟仿真实验国家级一流本科课程教学设计

一、教学目标

1. 知识目标

（1）掌握乙酸与液氯在硫黄催化下合成氯乙酸反应的基本原理。

（2）熟悉原料、中间产物及产品的物化特性。

（3）具备组织、优化氯乙酸生产工艺流程的基本能力。

（4）了解工艺流程布置方案、布局原则，熟悉氯乙酸安全生产措施。

（5）在任务引领模式下，熟练完成氯乙酸生产工艺认识实习与生产实习操作。

2. 能力目标

（1）能够综合运用化学基础理论、原料产品的物理化学特性以及化学工程知识，组织氯乙酸工艺流程。

（2）能够解释液氯储罐、液氯汽化器、氯气缓冲罐以及氯化液结晶釜、离心机、物料仓等设备的布局原理。

（3）基本具备节能、清洁生产、理论联系实际的工程素养。

（4）培养安全生产意识。

3. 价值目标

（1）通过介绍化工前辈的创业事迹和杰出贡献，帮助学生树立爱国家、爱社会、爱学校的信念，并在学习中发扬拼搏精神。

(2) 结合氯乙酸反应原理、工艺流程、设备布置的教学，培养理论联系实际、崇尚科学、实事求是的态度。

(3) 通过工艺流程优化与实施，培养绿色环保、节能、可持续发展的工程理念。

二、教学内容分析

1. 学情分析

学生已经在"无机化学""有机化学""物理化学"等课程中掌握了反应原理、反应热力学、反应动力学基础知识；在"化学工程基础"理论课程中储备了化工传递工程学及化学反应工程基础知识；在"化工基础实验"中接触到了基本单元操作及设备；但是尚不具备综合运用基础化学知识、化工单元操作知识按照化工生产的绿色、节能的要求组织、优化完整工艺流程的能力。

2. 教学重点

（1）乙酸与液氯在硫黄催化下合成氯乙酸反应的基本原理。

（2）原料、中间产物及产品的物化特性。

（3）氯乙酸生产工艺流程的组织、优化。

（4）单元操作设备布置。

（5）氯乙酸生产工艺 3D 虚拟仿真实验认识实习与生产实习操作。

3. 教学难点

（1）乙酸与液氯在硫黄催化下合成氯乙酸的反应历程。

（2）氯乙酸生产工艺流程的组织与优化。

（3）氯乙酸生产工艺设备布置。

4. 对重点、难点的处理

（1）对于反应基本原理，引领学生运用有机化学知识，解释乙酸与液氯在硫黄催化下合成氯乙酸的反应历程。

（2）对于氯乙酸生产工艺流程的组织、优化，运用反应动力学知识理解液氯汽化、气体的搅拌作用；利用反应热力学知识理解反应的控温、反应器温度控制措施；利用原料、中间产物及产品的冷凝温度、溶解度、凝固点等物理性质的差异，建立回收、分离提纯方法；最终系统组织、优化工艺流程。

（3）对于设备布置，以机械能守恒定律、机械能损失的影响因素为理论指导，遵循节能、安全生产、绿色化学的原则，进行设备布置。

三、教学活动设计

"氯乙酸生产工艺 3D 虚拟仿真实验"的教学设计分为课前、课上、课后三个阶段。教学活动设计如表 1 所示，教学实施流程如图 F7-1 所示。

（1）学生自学"河北大学氯乙酸生产工艺 3D 虚拟仿真实验"反应原理、工艺流程、操作规程，"实验空间——氯乙酸生产工艺 3D 虚拟仿真软件应用指导"、"思政案例"等学习资料，进行课前预习。

（2）课前预习考核，检验预习效果，发现预习中存在问题。

（3）课上，采用引领模式，结合学生预习情况与课程重点、难点，进行反应原理、工艺流程、设备布置、操作规则讲解，并适时融入思政元素（表2）。学生单人、单机，协作、讨论进行实验操作。

（4）实验操作结束，通过总结考核，检验、巩固学习效果。

（5）课后，学生撰写实验报告，进行课程总结、提升；教师评阅报告，进行教学总结、反思。

表1 "河北大学氯乙酸生产工艺3D虚拟仿真实验"课程教学设计

角色	课前	课上	课后
教师	1.教学内容设计 2.教学资源准备 3.预习效果评价 4.课中教学准备	1.重点、难点讲解 2.学习任务设定 3.问题解决与提升	1.过程成绩评定 2.教学总结与反思
学生	1.了解学习任务 2.学习预设资料 3.课前在线测验	1.独立进行仿真操作 2.完成预设任务 3.协作研究与提高	1.完成课后考核 2.完成实验报告 3.交流学习心得

表2 "氯乙酸生产工艺3D虚拟仿真实验"思政元素与切入点

切入点	思政元素
氯乙酸生产工艺背景	融入氯乙酸生产企业（河北诚信集团有限公司）党委书记褚现英的创业事迹，激发学生爱岗敬业、拼搏进取精神
氯乙酸反应原理	利用反应动力学知识，以及液体与气体的黏度、分子扩散系数差异，确定液氯的加入形式、氯气获得途径、反应中搅拌设置问题，引导学生理论联系实际 利用反应热力学知识，由反应活化能、反应热效应引出氯乙酸合成反应温度控制要求，确定反应器形式，引导学生理论联系实际 利用有机反应知识，引导学生分析氯乙酸合成反应历程，根据反应中原料、中间体、产物的物理化学性质，结合化工单元操作知识，引领学生组织氯乙酸生产工艺流程，学会理论联系实际
反应尾气处理	反应中产生的未完成反应气体的三级冷却、冷凝回收；未冷凝气体中氯化氢气体在吸收单元操作中制备盐酸，提高原料的利用率，体现绿色化学的工程理念 尾气放空前的进一步碱液处理，体现环保意识
设备与工艺流程操作顺序	通过离心泵、换热器、反应釜以及整个工艺流程的一定操作顺序，提示化工安全生产的重要性
反应条件控制	通过乙酸、硫黄、氯气等物料流量以及反应温度、压强的调节、控制，体现产品质量控制的重要性
氯乙酸工艺流程的组织、优化	综合运用基础化学知识、化工单元操作知识，组织、设计、优化工艺流程，体现专业知识理论与实际化工生产的结合，培养工程素养
设备布置	利用液氯储罐、液氯汽化器、氯气缓冲罐的布置，引领学生树立节能工程理念 利用氯化液结晶罐、离心机、物料仓的布置，引领学生树立节能工程理念

图F7-1 教学过程实施流程图

参 考 文 献

[1] 武汉大学. 化学工程基础. 3版. 北京：高等教育出版社，2016.
[2] 王建成，卢燕，陈振. 化工原理实验. 上海：华东理工大学出版社，2007.
[3] 北京师范大学化学工程教研室. 化学工程基础实验. 北京：人民教育出版社，1980.
[4] 武汉大学，兰州大学，复旦大学. 化工基础实验. 北京：高等教育出版社，2007.
[5] 张金利，张建伟，郭翠梨，等. 化工原理实验. 天津：天津大学出版社，2005.
[6] 冯亚云. 化工基础实验. 北京：化学工业出版社，2000.
[7] 北京大学，南京大学，南开大学. 化工基础实验. 北京：北京大学出版社，2004.
[8] 马志广，庞秀言. 基础化学实验4，物性参数与测定. 2版. 北京：化学工业出版社，2017.
[9] 吴晓艺，王松，王静文，等. 化工原理实验. 北京：清华大学出版社，2013.
[10] 侯文顺. 化工设计概论. 3版. 北京：化学工业出版社，2020.
[11] 尹美娟. 化工仪表自动化. 北京：科学出版社，2009.
[12] 王嘉涛，相养冬，刘洪江，等. 丙烯连续聚合工艺的工业应用. 合成树脂及塑料. 2004，21(2)：34-37.
[13] 洪定一. 聚丙烯——原理、工艺与技术. 2版. 北京：中国石化出版社，2011.
[14] 刘展晴. 钛酸铜锶基巨介电材料的结构与电学性能. 北京：科学出版社，2018.
[15] 黄玲，刘展晴. 巨介电陶瓷材料虚拟仿真实验在材料化学实验教学中的应用. 广东化工，2023，50(6)：229-231.
[16] 葛喜珍，李映，韩永萍，等. 科学与思政视角的屠呦呦与青蒿素. 教育教学论坛，2020，(16)：59-62.